ビジュアルアプローチ **力学**

[為近 和彦 著]

MECHANICS

森北出版株式会社

まえがき

　物理学を学ぶうえで，力学を学ぶことは必要不可欠です．しかし，単に力学を学ぶといっても，ことはそう簡単ではありません．現象を正確にとらえ，それを数式に書き直し，分析，処理をしなくてはなりません．数式処理ばかりに目を奪われて現象を見失ったり，逆に複雑な現象を具体化できず，どのように数式処理すればよいかが見えてこなかったりと，困難が数多くあります．これらたくさんの困難を解決するには，まずはじめに，基本法則の完全理解が必要です．

　力学は一朝一夕にできあがった学問ではありません．先人達が，苦労に苦労を重ねて，実験，思考を繰り返しできあがったものです．彼らが，どのように現象をとらえようとしたのか，その現象をどのように数式で表そうとしたのか，何の目的でさまざまな力学量を定義したのか，それらを理解する必要があるのです．さらに，現代のわれわれの日常生活の中にどのように入り込んでいるのかについても，力学を理解するうえでは重要になります．

　本書では，これらを実現するために，数多くのイラストや写真を用いて図解するとともに，どのような現象をどのような数式で表しているのかを理解できるように，式のもつ意味に重点をおいて解説してあります．

　私自身の話になりますが，学生時代，力学は自分では得意分野のつもりでいました．ですから，いきなり演習書から入ったのですが，なかなか自力では解けず，結局は，演習書の解答に頼りっきりの勉強になったことを今でも鮮明に覚えています．要するに，わかったつもりでも何もわかっていなかったということなのでしょう．

　基本法則の理解を曖昧にしたままで，自力で解けない演習問題を，解答を読んでわかったつもりになっているだけでは，実力は伸びない，応用も利かない，と踏んだり蹴ったりなのです．物理学は奥の深い学問であり難解であることは確かです．しかし，難解なものを難解に説明されたのでは，わかったつもりになるだけで，本当の理解を得るには大変な労力と時間がかかってしまいます．このようなことがないように，本書では，まず基本的なところから解説をはじめ，力学現象に対してどのようにアプローチしたのか，何のための式なのかが明確にわかるように解説しました．ぜひ，ゆっくりと確実に理解しながら読み進めてください．

　最後になりましたが，森北出版の石井智也氏には，企画，編集，校正までたいへんお世話になり，心より感謝申し上げます．

2008 年 9 月

為近和彦

目 次

第1章 運動の表し方 …………………………………… 1
- 1.1 位置ベクトルと変位ベクトル ……………………… 2
- 1.2 速度と加速度 ………………………………………… 8
- 1.3 直交座標と極座標系での速度と加速度 …………… 14
- 演習問題 ………………………………………………… 22

第2章 運動の法則とその応用 ………………………… 23
- 2.1 運動の3法則 ………………………………………… 24
- 2.2 仕事 …………………………………………………… 32
- 2.3 エネルギー …………………………………………… 34
- 2.4 ポテンシャル ………………………………………… 38
- 2.5 力積と運動量 ………………………………………… 46
- 2.6 力のモーメント ……………………………………… 52
- 2.7 角運動量 ……………………………………………… 54
- 演習問題 ………………………………………………… 60

第3章 一様な重力による運動 ………………………… 61
- 3.1 自由落下と鉛直投げ上げ …………………………… 62
- 3.2 放物運動1(斜め投げ上げ) ………………………… 66
- 3.3 放物運動2(斜面への斜め投げ上げ) ……………… 70
- 3.4 空気抵抗を考えた落体の運動 ……………………… 72
- 演習問題 ………………………………………………… 80

第4章 振動 ……………………………………………… 81
- 4.1 単振動(調和振動) …………………………………… 82
- 4.2 減衰振動 ……………………………………………… 90
- 4.3 強制振動 ……………………………………………… 96
- 演習問題 ………………………………………………… 106

第5章　中心力と惑星の運動 …… 107
- 5.1　中心力 …… 108
- 5.2　ケプラーの法則と万有引力 …… 114
- 演習問題 …… 124

第6章　束縛運動 …… 125
- 6.1　垂直抗力と摩擦力 …… 126
- 6.2　さまざまな束縛運動 …… 132
- 演習問題 …… 138

第7章　相対運動と慣性力 …… 139
- 7.1　慣性系 …… 140
- 7.2　並進座標系 …… 141
- 7.3　回転座標系 …… 146
- 演習問題 …… 154

第8章　剛体の運動 …… 155
- 8.1　剛体の運動方程式と慣性モーメント …… 156
- 8.2　剛体の回転運動の具体例 …… 166
- 演習問題 …… 170

第9章　解析力学の基礎 …… 171
- 9.1　運動方程式と運動エネルギーの関係式 …… 172
- 9.2　ラグランジュの方程式の具体例 …… 180
- 演習問題 …… 186

付録 …… 187
演習問題解答 …… 189
索引 …… 207

コラム 目次

- ベクトル表記はこわくない！ ……………………………………… 4
- 加速度の大きさ ……………………………………………………… 11
- 座標系について ……………………………………………………… 19
- 緯度と経度 …………………………………………………………… 21
- エネルギーについて ………………………………………………… 41
- 地震波 ………………………………………………………………… 87
- 単振動の周期 ………………………………………………………… 89
- ギターチューニングへのうなりの応用 …………………………… 99
- 音波について ………………………………………………………… 103
- ケプラーとティコ …………………………………………………… 110
- 天動説と地動説 ……………………………………………………… 111
- 摩擦力 ………………………………………………………………… 129
- 遠心力とホイヘンス ………………………………………………… 151
- さかあがり …………………………………………………………… 165
- 回転運動によるおもちゃ …………………………………………… 167

1. 運動の表し方

DISPLACEMENT, COORDINATES

人工衛星

　宇宙空間の軌道上にある人工衛星を運行するには，その位置や変位を正しく把握しなければならない。人工衛星の位置は，どのように決められるのだろうか。

　位置や変位を測るために，座標を用いることが基本となる。この章では，物理現象を考えるために座標を用いることに慣れ，位置ベクトルと速度，加速度ベクトルおよび時間の関係について学ぶ。さらに，さまざまな座標系に対する物理量をベクトル量としていかに記述すればよいかを考える。

1.1 位置ベクトルと変位ベクトル

A 位置ベクトル

物体の運動について考えるとき，その物体は質量をもつが，大きさは無視できる（点である）ものとして理想化して考えてよい。この仮想的な物体のことを**質点**とよぶ。**図1.1**では，質点で考えるべきところを，運動の様子をイメージしやすくするために鳥で表現してある。

質点の位置を考えるときに広く用いられる方法が，**位置ベクトル**を利用す

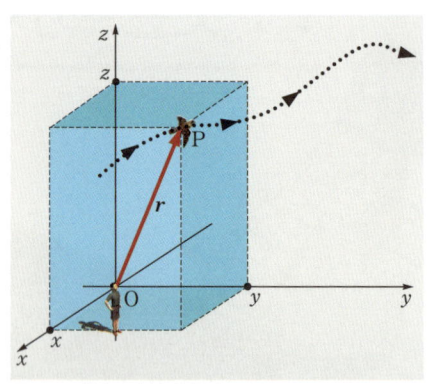

図1.1　質点を直交座標系に置く

る方法である。空間の適切な場所に座標原点（点 O）を定め，ここを基準にして質点の位置を表す。たとえば，図1.1 にあるように，xyz 直交座標において，点 P に質点があるときを考える。このとき，点 P は刻々と位置を変えるので，点 O から点 P に至るベクトルを考えると都合がよい。OP ベクトルを r と記述すると，ベクトル r の大きさ r は OP ベクトルの長さ（大きさ）を表し，r は基準点 O からの位置を与えることになる。この r のことを位置ベクトルとよび，次式のように表す。

$$r = \overrightarrow{OP} = (x, y, z) \tag{1.1}$$

B 変位ベクトル

鳥が点 P から点 P′ に移動した場合を考えてみよう。このとき，**図1.2** のように，PP′ ベクトルを Δr とおくと，この Δr のことを**変位ベクトル**とよぶ。点 P′ の位置ベクトルを r' とするとベクトル和を用いて，

$$r' = r + \Delta r \tag{1.2}$$

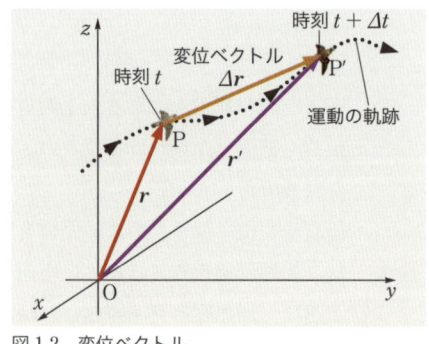

図1.2　変位ベクトル

と書ける。ここで，質点が点 P にあるときの時刻を t，点 P′ にあるときの時刻を $t+\Delta t$ と仮定すると，r を時刻 t の関数と考えて，(1.2) 式は，

$$r(t+\Delta t) = r(t) + \Delta r \tag{1.3}$$

となり，変位ベクトル Δr は，

$$\Delta r = r(t+\Delta t) - r(t) \tag{1.4}$$

と書ける。さらに，図 1.3 のように点 P′ の座標をおき

$$r' = r(t+\Delta t) = (x+\Delta x,\ y+\Delta y,\ z+\Delta z) \tag{1.5}$$

とすると，(1.4) 式，(1.5) 式，(1.1) 式より

$$\begin{aligned}\Delta r &= (x+\Delta x,\ y+\Delta y,\ z+\Delta z) - (x,\ y,\ z) \\ &= (\Delta x,\ \Delta y,\ \Delta z)\end{aligned} \tag{1.6}$$

と書くことができる。このとき，x, y, z は時刻 t の関数であり $x(t)$, $y(t)$, $z(t)$ であることはいうまでもない。

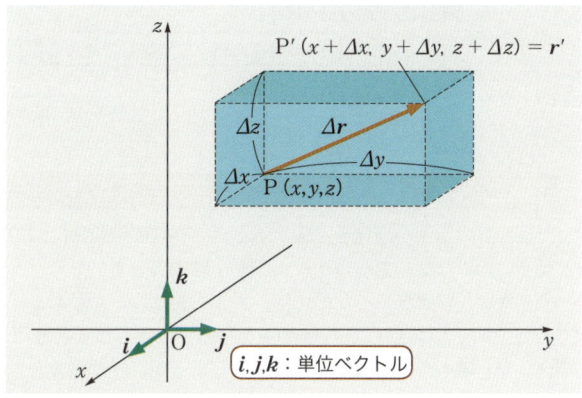

図 1.3　単位ベクトル

また，**単位ベクトル**を用いる方法もある。単位ベクトルとは，大きさが 1 のベクトルのことである。ここでは，図 1.3 のように，それぞれ，x, y, z 軸方向の単位ベクトルを i, j, k とおいて位置ベクトル r を考えてみよう。成分が (1.1) 式で与えられているので，位置ベクトル r は，

$$r = x\boldsymbol{i} + y\boldsymbol{j} + z\boldsymbol{k} \tag{1.7}$$

1 運動の表し方

と表すことができる。当然，r' は，

$$r' = (x+\Delta x)\,i + (y+\Delta y)\,j + (z+\Delta z)\,k \tag{1.8}$$

となるので，(1.5) 式，(1.4) 式より，

$$\Delta r = r' - r = \Delta x\,i + \Delta y\,j + \Delta z\,k \tag{1.9}$$

と書くことができるが，これは (1.6) 式を考えれば容易なことである（図 1.4 参照）。以上のように，物体の位置や変位を時間の関数としてベクトルで表す方法を用いて，以後の節では，速度と加速度について考察する。

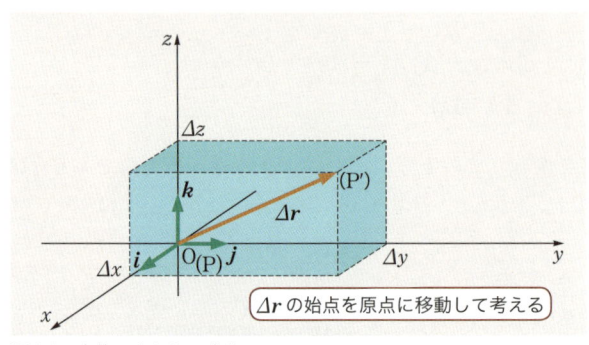

図 1.4　変位ベクトルの成分

ベクトル表記はこわくない！　　　　　　　　　　　　　COLUMN ★

　大学に入学したばかりの学生が物理を勉強するとき，物理の教科書に出てくるベクトル表記に困ることが多いのではないだろうか。ベクトルは要素をもち，スカラーと同じようには四則演算ができない。演算を行うためには，さまざまなルールがある。

　速度と質量をたしたりひいたりしても無意味である。それらが 5 と 8 のように数値で表されていた場合，足し算もかけ算も自由にできてしまうが，物理現象としては何も表していない。ベクトルは，現象をまず考えて，それにどういう意味があるのか考えることを強いるのである。

　数学は物理現象を説明するために使われているだけで，重要なのは物理に対してイメージをもつことである。ベクトルの計算につまずいて立ち止まる前に，現象を理解するように努力しよう。また，ベクトルは要素に分けてこつこつと計算すれば道はひらける。例題や問題をたくさん解いて慣れてしまおう。本書では計算の途中をなるべく省かないようにしているので，ベクトルの微分なども，その過程をみることができるようになっている。

　なお，本書ではベクトルは x, y, F などのように太字（ボールド書体）で表している。

1.1 位置ベクトルと変位ベクトル

C 変位と移動距離

ここまでで位置と変位について述べたが、最後に変位と移動距離（道程）の違いについて触れておく。変位で大切なのは、始点、終点の位置関係であるが、移動距離で大切なのは、運動する質点の軌跡である。また、変位は負となることもしばしばあるが、移動距離が負となることはない。

たとえば、図1.5のように、点Pから点P'への移動を考えたとき、変位と移動距離は明らかに異なる。z軸上で考えると、変位はaであるが、移動距離は$b+(b-a)$となる。また、図1.6のように、グランドのトラックを1周回ることを考えると、変位は0であるが、移動距離は当然、トラック1周分の距離となる。

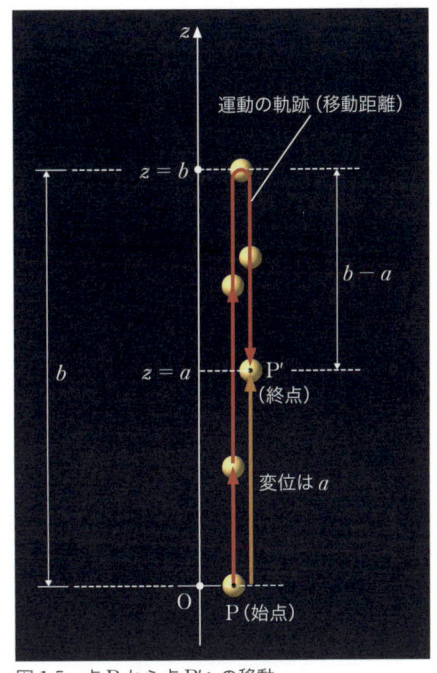

図1.5　点Pから点P'への移動

また、変位は先にも述べたように、ベクトルとして取り扱うことができるが、移動距離にベクトルの概念はない。

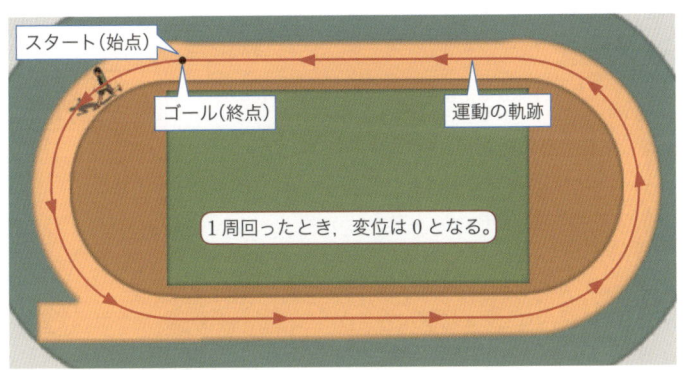

図1.6　トラックを周回する場合

例題 1-1　位置ベクトルと単位ベクトル

xyz 直交座標系において，時刻 t に質点が $r=(a,b,c)$ にある。ただし，a,b,c はすべて正の定数である。時刻 $t+\Delta t$ に質点の位置が $r=(2a,3b,4c)$ となった。以下の問いに答えなさい。

(1) 上記 2 つの位置ベクトルを，x,y,z 座標に対する単位ベクトル i, j, k を用いてそれぞれ表しなさい。
(2) 変位ベクトル Δr を成分表示で表しなさい。
(3) 変位ベクトル Δr を単位ベクトル i, j, k を用いて表しなさい。

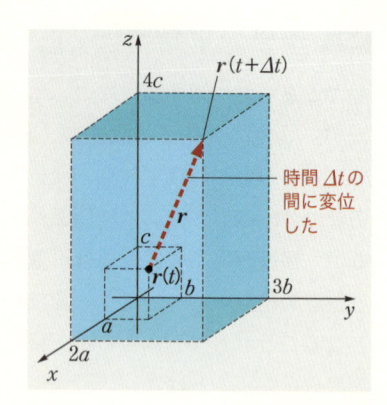

● 解答

(1) $r = ai+bj+ck, \quad r = 2ai+3bj+4ck$

(2) $\Delta r = (2a, 3b, 4c)-(a, b, c) = (a, 2b, 3c)$

(3) (2) より $\Delta r = ai+2bj+3ck$

> ※ (1) を用いて
> $\Delta r = (2ai+3bj+4ck)-(ai+bj+ck) = ai+2bj+3ck$ としてもよい。

例題 1-2　ベクトルの合成と変位ベクトル

右図のように，質点が原点 O から出発して，A, B, C へと移動した。このとき，
 $\overrightarrow{OA} = a = (2,2,2)$
 $|\overrightarrow{AB}| = |b| = 1$
 （b は z 軸に平行で正の向き）
 $|\overrightarrow{BC}| = |c| = 1$
 （c は y 軸に平行で負の向き）
であった。以下の問いに答えなさい。
(1) 変位ベクトル $\overrightarrow{OC} = \Delta r$ を a, b, c を用いて表しなさい。
(2) 変位ベクトル Δr を成分を用いて表しなさい。
(3) 変位ベクトル Δr を，x, y, z 座標に対する単位ベクトル i, j, k を用いて表しなさい。
(4) a, b, c を i, j, k を用いて表し，(1) の結果を用いて，Δr が，(3) の結果と一致することを示しなさい。
(5) 全移動距離を求めなさい。
(6) 変位の大きさを求めなさい。

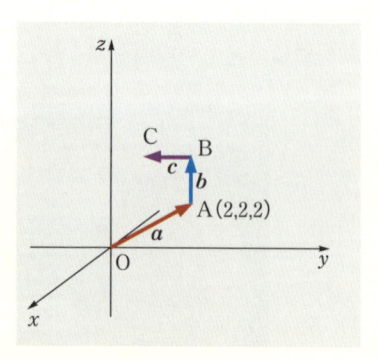

1.1 位置ベクトルと変位ベクトル

●解答

(1) 前ページの図より $\Delta r = a + b + c$

(2) 題意より $b = (0, 0, 1)$, $c = (0, -1, 0)$ であるから，(1) を用いて
$\Delta r = (2, 2, 2) + (0, 0, 1) + (0, -1, 0)$
$= (2, 1, 3)$

(3) (2) より $\Delta r = 2i + j + 3k$

(4) $a = 2i + 2j + 2k$, $b = k$, $c = -j$ であるから
$\Delta r = (2i + 2j + 2k) + k - j = 2i + j + 3k$

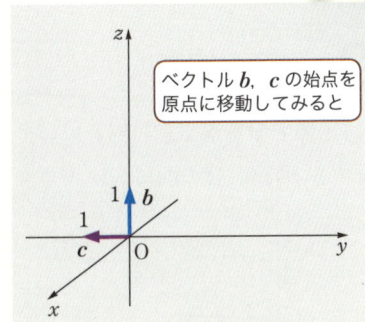

(5) $\overrightarrow{OA}$, $\overrightarrow{AB}$, $\overrightarrow{BC}$ のそれぞれの大きさの和を求めればよいので，
$|a| + |b| + |c| = \sqrt{2^2 + 2^2 + 2^2} + 1 + 1 = 2(\sqrt{3} + 1)$

(6) 変位の大きさは変位ベクトル Δr の大きさなので，
$|\Delta r| = |a + b + c| = \sqrt{2^2 + 1^2 + 3^2} = \sqrt{14}$

ベクトル b, c の始点を原点に移動してみると

例題 1-3　平面上でのベクトル表記

右図のように，平面上 (xy 平面上) に半径 r の円軌道を考える。
(1) 円軌道上の $\overrightarrow{AB}$ の成分を r のみを用いて表しなさい。
(2) 円軌道上の任意の点 P の原点 O に対する位置ベクトルの成分 (x, y) を，r および θ を用いて表しなさい。
(3) 上問 (2) のベクトルの大きさが点 P の位置に関係なく，r であることを示しなさい。

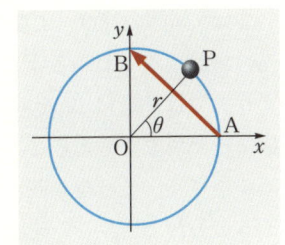

●解答

(1) A$(r, 0)$, B$(0, r)$, O$(0, 0)$ であるので，次のように計算できる。
$\overrightarrow{AB} = \overrightarrow{OB} - \overrightarrow{OA} = (-r, r)$

(2) 図より P(x, y) = P$(r\cos\theta, r\sin\theta)$

(3) $\sqrt{(r\cos\theta)^2 + (r\sin\theta)^2} = r\sqrt{\cos^2\theta + \sin^2\theta} = r$ （一定）

1.2 速度と加速度

A 速度の定義

1.1 節で空を飛ぶ鳥の例を用いて述べたように，運動する質点は時間とともに変位する．時間 Δt の間に，$\Delta \bm{r}$ だけ変位したのであるから，単位時間あたりの変位は，

$$\frac{\Delta \bm{r}}{\Delta t} = \frac{\bm{r}(t+\Delta t) - \bm{r}(t)}{\Delta t} \quad (1.10)$$

と書ける．これは，**平均の速度**とよばれる．ここで，なぜ，速度と区別するのかを理解しなくてはならない．(1.10) 式で与えられる量は，Δt の選び方によって異なるからである．たとえば Δt が非常に大きい場合，図 1.7 のようにその間に質点はさまざまな速度で運動している可能性がある．

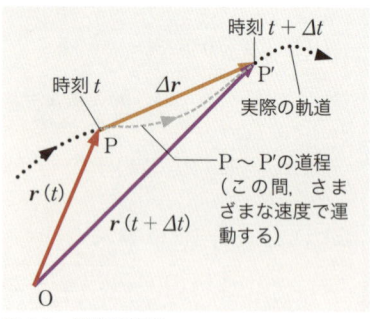

図 1.7 平均の速度

このため，(1.10) 式はその間の平均速度ということになり，t や Δt のとり方によって異なる値となる．

では，瞬間の速度，すなわち，時刻 t における速度はどのように表せるだろうか．先の議論からもわかるように，Δt が非常に大きい場合には，平均速度になってしまう．では，逆に Δt を非常に小さい値にすればどうなるであろうか．1.1 節と同様にこの現象を考えると，Δt が非常に小さい場合には，点 P と点 P' の変位はきわめて小さく，これを，時刻 t における点 P での瞬間の速度 (単に速度という) と考えることができ，この速度は，当然，時刻 t のみに依存することになる．これを式で表すと，

$$\lim_{\Delta t \to 0} \frac{\bm{r}(t+\Delta t) - \bm{r}(t)}{\Delta t} \quad (1.11)$$

となる．(1.11) 式を

$$\bm{v} = \frac{d\bm{r}}{dt} \quad (1.12)$$

と書いて，速度 $\bm{v}$ を定義する．(1.12) 式は，「$\bm{r}$ を t で微分する」ことを表し，時間に対する位置ベクトルの変化を示し，まさにこれを**速度**とよぶ．また，$\bm{v}$ の大き

さ v のことを速さとよび，速度とは区別して用いられるので注意が必要である。速度は，ベクトル量であるが，速さはスカラー量であり，速さに向きの概念はない。

たとえば，図 1.8 のように，x 軸上を運動する 2 つの物体 A，B を考えたとき，いずれの物体も，速さは 2 m/s であるが，速度は，A が 2 m/s，B が -2 m/s となる。

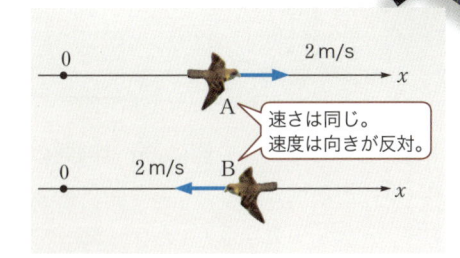

図 1.8 速度には正と負がある

高校数学ではスカラー量の微分しか習わないので，(1.12) 式のようなベクトル量の微分は難しくみえるかもしれないが，読者のみなさんには例題を解きながら慣れていってほしい。

B 加速度の定義

前項 A の議論より，v は t のみの関数であるから，点 P での速度を $v(t)$，点 P′ での速度を $v(t+\Delta t)$ とする。図 1.9 にその様子を示す。この速度の時間に対する変化が**加速度**である。先の議論と同様に考えると，

$$\frac{v(t+\Delta t)-v(t)}{\Delta t} \tag{1.13}$$

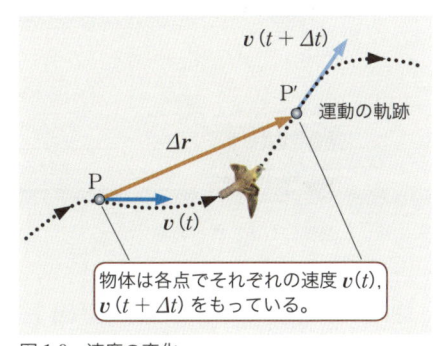

図 1.9 速度の変化

は，平均の加速度を表している。Δt を非常に小さくして考え，瞬間の加速度 a を，時刻 t のみの関数として，

$$a = \lim_{\Delta t \to 0} \frac{v(t+\Delta t)-v(t)}{\Delta t} = \frac{dv}{dt} \tag{1.14}$$

と定義することができる。ここで，(1.12) 式より，

$$a = \frac{dv}{dt} = \frac{d^2 r}{dt^2} \tag{1.15}$$

と書ける。ここで，一般に，a は瞬間の加速度（単に加速度という）であり，ベクトルである。a はその大きさ（スカラー量）である。加速度とは，時刻 t における速度の変化を示す物理量であり，(1.15)式より，v を t で微分した量，もしくは r を t で2階微分した量で与えられる。a はベクトルなので向きをもつ。その向きのイメージを**図 1.10** に示す。

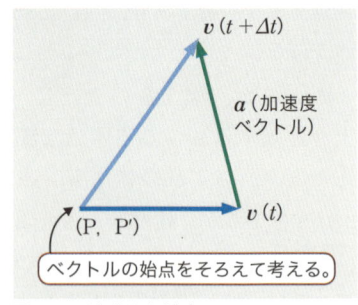

図 1.10　速度と加速度

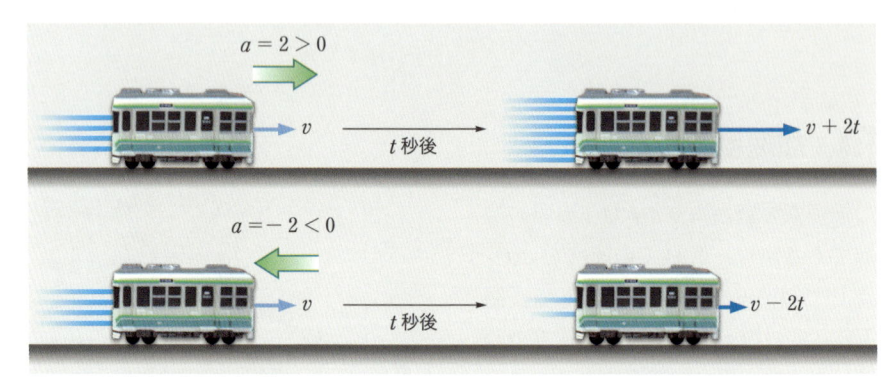

図 1.11　加速度にも正と負がある

　加速度にも正負の概念がある。**図 1.11** のように電車が加速度 a で運動する場合を考えてみよう。加速度 a が $2\,\mathrm{m/s^2}$ の場合は，単位時間あたり，速度が $2\,\mathrm{m/s}$ ずつ増加することを示す。同様に，加速度 a が $-2\,\mathrm{m/s^2}$ の場合は，単位時間あたり速度が $-2\,\mathrm{m/s}$ ずつ増加することを示す。このことは，単位時間あたり速度が，$2\,\mathrm{m/s}$ ずつ減少することになるから，この場合には，加速度 a といっても，減速の度合いを示すものであることがわかる。加速度が負の場合に，電車が逆向きに進むという意味ではないので注意したい。

1.2 速度と加速度

加速度の大きさ　　　　　　　　　　　　COLUMN ★

　物体が落下するときの鉛直下方の重力加速度の大きさは，およそ $9.8\,\mathrm{m/s^2}$ である。これは，高校課程では，一般に記録タイマーとよばれる一定時間間隔でテープ上に打点する装置を用いて測定する。これは，一定の時間内の変位を求めることで，速度を求め，さらにその変化量として加速度を求める方法で，その定義を理解するうえでは重要であろう。しかし，実際にこの実験で $9.8\,\mathrm{m/s^2}$ に近い値を求めることは困難である。これは，摩擦力，空気の抵抗力などの影響や，打点間隔の精度などさまざまな要因のためである。

　この値を考えてみると，その定義から1秒間に，速度が $9.8\,\mathrm{m/s}$ ずつ増加するということであるが，実際に想像してみるとかなり大きな値であることにお気付きであろうか。初速度を0とするとき，最初の1秒で，速度が $9.8\,\mathrm{m/s}$，次の1秒まででなんと $19.6\,\mathrm{m/s}$ になる。5秒もたてば，$50\,\mathrm{m/s}$ 程度にまでなる。この時点で，この質点は，ナント1秒間に $50\,\mathrm{m}$ も進む速さになっているということになる。

　あまりに身近なために，気が付かないことも多々ある。実際に生活の中での加速度がどの程度であるかぜひ予想してみていただきたい。そのうえで重力加速度の大きさがいかに大きいか実感して欲しい。ちなみに，生活の中での乗り物の加速度のおよその値は以下の通りである。

　　レーシングカー発進時　　　　約 $3.5\,\mathrm{m/s^2}$
　　旅客用ジェット機の離陸時　　約 $2.0\,\mathrm{m/s^2}$
　　一般の電車の発進時　　　　　約 $1.5\,\mathrm{m/s^2}$
　　高層ビルのエレベータ　　　　約 $1.0\,\mathrm{m/s^2}$
　　新幹線発進時　　　　　　　　約 $0.2\,\mathrm{m/s^2}$

　そして，重力加速度は約 $9.8\,\mathrm{m/s^2}$。遊園地のフリーフォールは，十分に怖くスリルのある乗り物であることがわかる。

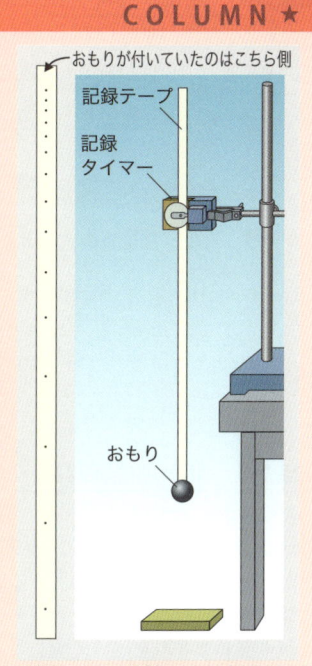

記録タイマー装置

フリーフォール

例題 1-4　変位からの速度と加速度の導出

1次元上で質点が運動している。任意の点を原点として，その質点の位置が時刻 t の関数として

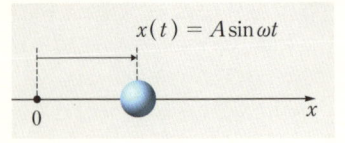

$$x(t) = A\sin\omega t \quad (A\text{ は正の定数})$$

で表されるとき，時刻 t における速度 $v(t)$，加速度 $a(t)$ を求めなさい。

●**解答**　速度，加速度の定義より

$$v(t) = \frac{dx}{dt} = A\omega\cos\omega t$$

$$a(t) = \frac{dv}{dt} = -A\omega^2\sin\omega t = -\omega^2 x$$

例題 1-5　非等加速度運動

1次元上で質点が運動している。時刻 t における速度の逆数 $1/v(t)$ のグラフが図で与えられるように，傾きが A，$1/v$ 切片が B の直線となるような運動をした。このとき，質点の加速度 $a(t)$ を A, B, $v(t)$ のうちから必要なものを用いて表しなさい。ただし，A，B は定数であるとする。

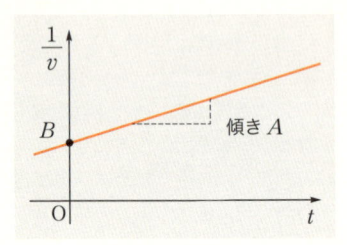

●**解答**　グラフの方程式は

$$\frac{1}{v} = At + B \quad \therefore \quad v = \frac{1}{At+B}$$

$$\therefore \quad a(t) = \frac{dv}{dt} = -\frac{A}{(At+B)^2} = -Av^2(t) \quad \left(\because At+B = \frac{1}{v}\right)$$

例題 1-6　平面上での運動

xy 平面座標系において，質点の位置ベクトル $\boldsymbol{r}$ の成分 (x, y) が，時刻 t の関数として，

$$x(t) = At \quad (A：\text{正の定数})$$
$$y(t) = Bt - Ct^2 \quad (B, C：\text{正の定数})$$

で与えられるとき，以下の問いに答えなさい。

(1) 速度 $\boldsymbol{v}$，加速度 $\boldsymbol{a}$ を $\boldsymbol{r}$ を用いて表しなさい。
(2) 速度 $\boldsymbol{v}$ の x 成分 v_x，y 成分 v_y をそれぞれ求めなさい。
(3) 加速度 $\boldsymbol{a}$ の x 成分 a_x，y 成分 a_y をそれぞれ求めなさい。
(4) (2)，(3) の結果から，x, y 方向で質点がどのような運動をしているかを説明しなさい。
(5) (4) の結果から物体の軌跡の概形を描きなさい。
(6) 与えられた $x(t)$，$y(t)$ の式より (5) の結果の正当性を確かめなさい。

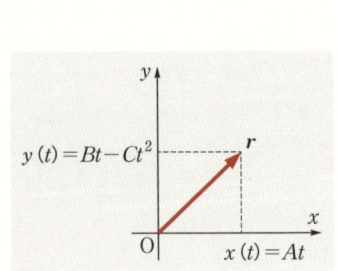

1.2 速度と加速度

● 解答

(1) (1.12) 式，(1.15) 式より $\bm{v} = \dfrac{d\bm{r}}{dt}$, $\bm{a} = \dfrac{d\bm{v}}{dt} = \dfrac{d^2\bm{r}}{dt^2}$

(2) $\bm{v} = \dfrac{d\bm{r}}{dt} = \left(\dfrac{dx}{dt}, \dfrac{dy}{dt}\right) = (A, B-2Ct)$

(3) $\bm{a} = \dfrac{d\bm{v}}{dt} = \left(\dfrac{dv_x}{dt}, \dfrac{dv_y}{dt}\right) = (0, -2C)$

(4) x 方向：等速度運動（速度 A）

　　y 方向：等加速度運動（初速度 B，加速度 $-2C$）

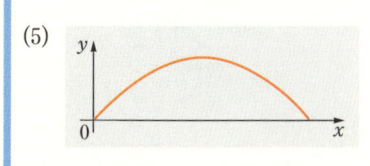

(5) （グラフ：上に凸の放物線）

(6) $x = At$ より $t = \dfrac{x}{A}$

これを y の式に代入して

$$y = \dfrac{B}{A}x - \dfrac{C}{A^2}x^2$$

→原点を通る，上に凸の放物線であることがわかる。

例題1-7　一直線上の非等加速度運動

一直線上で，初速度 $v_0 = 0$ m/s，初加速度 $a = 2.0$ m/s^2 で出発し，その後，時間間隔 $\tau = 5.0$ s ごとに a の割合で，加速度を一定の割合で増加させた。出発時の時刻を $t=0$ s として，時刻 t s における速さと移動距離を求めなさい。

● 解答

題意より，加速度は次のように表される。

$$\ddot{x} = a + \dfrac{a}{\tau}t$$

この加速度を積分すると

$$\dot{x} = at + \dfrac{a}{2\tau}t^2 \quad (t=0 \text{ で } \dot{x} = v_0 = 0 \text{ の条件より})$$

さらにこの速度を積分すると

$$x = \dfrac{1}{2}at^2 + \dfrac{a}{6\tau}t^3 \quad (t=0 \text{ で } x=0)$$

これに数値を代入すると，次のように速さと移動距離が求まる。

$$v = \dot{x} = 2.0 \cdot t + \dfrac{2.0}{2 \cdot 5.0}t^2 = 2.0 \cdot t + \dfrac{t^2}{5.0}$$

$$x = \dfrac{1}{2} \cdot 2.0 \cdot t^2 + \dfrac{2.0}{6 \cdot 5.0}t^3 = 1.0 \cdot t^2 + \dfrac{1}{15}t^3$$

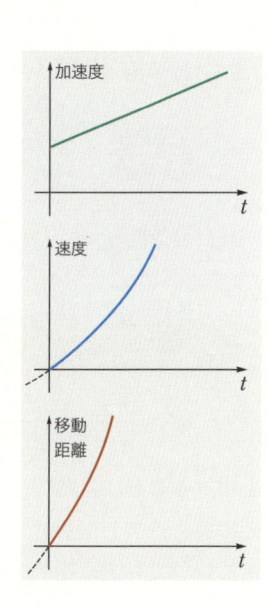

1.3 直交座標と極座標系での速度と加速度

これまでに定義した，速度，加速度の表記を直交座標，極座標では具体的にどのように表記できるかを考えてみる。

A 直交座標系

この座標系は，1.1 節で若干の説明はしてあるので，それを使いながらより詳しく議論してみよう。図 1.12 に位置ベクトル r と xy 直交座標系を示すので，これを見ながら考えてほしい。

まずは，成分表記で考える。(1.6) 式の Δr において，これを微小量で考察すると，

$$dr = (dx, dy, dz) \tag{1.16}$$

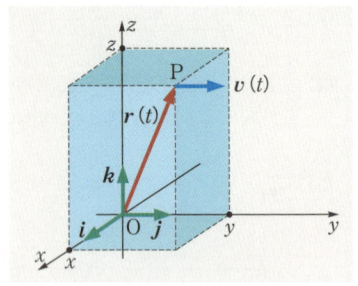

図 1.12　ベクトルと直交座標系

と書くことができる。すなわち，(1.12) 式を用いると，

$$v = \frac{dr}{dt} = \left(\frac{dx}{dt}, \frac{dy}{dt}, \frac{dz}{dt}\right) \tag{1.17}$$

と書くことができる。すなわち，変位の成分の時間変化量を考えれば，それぞれ，速度の x，y，z 成分を求めることができる。

さらに，単位ベクトルを用いて表すことを考える。(1.7) 式より，次式のようになる。

$$v = \frac{dr}{dt} = \frac{dx}{dt}i + \frac{dy}{dt}j + \frac{dz}{dt}k \tag{1.18}$$

同様に加速度 a は，(1.15) 式より，(1.17) 式，(1.18) 式をさらに t で微分して，

$$a = \frac{dv}{dt} = \left(\frac{d^2x}{dt^2}, \frac{d^2y}{dt^2}, \frac{d^2z}{dt^2}\right) \tag{1.19}$$

または，

$$a = \frac{d^2r}{dt^2} = \frac{d^2x}{dt^2}i + \frac{d^2y}{dt^2}j + \frac{d^2z}{dt^2}k \tag{1.20}$$

と書けることは容易にわかる。このような表現は，物理学では非常によく用いられるので，ベクトル表示，成分表示，および単位ベクトルを用いた表示すべてについて，いつでも使えるように十分に理解する必要がある。

B 極座標系（2次元）

質点の位置を表す方法は，直交座標だけではない。ここでは**極座標**とよばれる座標をとりあげてみる。図 **1.13** のように，点 P は

$$P(r, \theta) \tag{1.21}$$

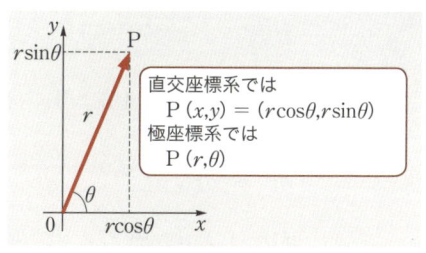

図 1.13　2次元の極座標系

直交座標系では
　$P(x,y) = (r\cos\theta, r\sin\theta)$
極座標系では
　$P(r,\theta)$

で表すことができる。ここで，極座標を用いて速度や加速度を式で表すことを考える。さまざまな方法があるが，ベクトルの扱いに慣れてもらうために単位ベクトルを導入する。いま，x, y 軸方向の単位ベクトルを $\boldsymbol{i}$, $\boldsymbol{j}$, さらに r, θ 方向の単位ベクトルを $\boldsymbol{e}_r$, $\boldsymbol{e}_\theta$ とおくと，図 **1.14** より

$$\begin{aligned}\boldsymbol{e}_r &= \cos\theta\,\boldsymbol{i} + \sin\theta\,\boldsymbol{j} \\ \boldsymbol{e}_\theta &= -\sin\theta\,\boldsymbol{i} + \cos\theta\,\boldsymbol{j}\end{aligned} \tag{1.22}$$

と表すことができる。また，このとき

$$\boldsymbol{r} = r\boldsymbol{e}_r \tag{1.23}$$

と書くことができる。

さて，(1.22) 式より，

図 1.14　極座標系の単位ベクトル

$$\frac{d\boldsymbol{e}_r}{dt} = -\sin\theta\frac{d\theta}{dt}\boldsymbol{i} + \cos\theta\frac{d\theta}{dt}\boldsymbol{j} = \frac{d\theta}{dt}\boldsymbol{e}_\theta \tag{1.24}$$

$$\frac{d\boldsymbol{e}_\theta}{dt} = -\cos\theta\frac{d\theta}{dt}\boldsymbol{i} - \sin\theta\frac{d\theta}{dt}\boldsymbol{j} = -\frac{d\theta}{dt}\boldsymbol{e}_r \tag{1.25}$$

が成立する。ここまでを準備として，速度 $\boldsymbol{v}$, 加速度 $\boldsymbol{a}$ を求める。速度の定義式(1.12) および (1.23)式を用いて

$$\boldsymbol{v} = \frac{d\boldsymbol{r}}{dt} = \frac{d}{dt}(r\boldsymbol{e}_r) = \frac{dr}{dt}\boldsymbol{e}_r + r\frac{d\boldsymbol{e}_r}{dt} \tag{1.26}$$

ここで，(1.24) 式を用いて

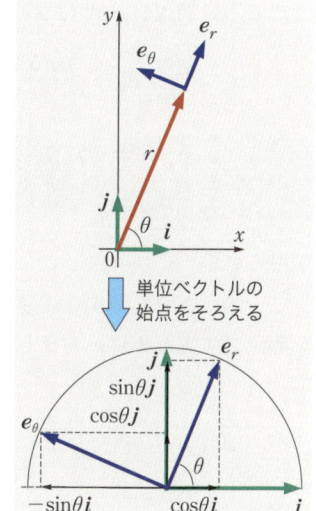

1 運動の表し方

$$v = \frac{dr}{dt}e_r + r\frac{d\theta}{dt}e_\theta \tag{1.27}$$

さらに，加速度の定義式 (1.15) より，(1.27) 式を用いて

$$a = \frac{dv}{dt} = \frac{d}{dt}\left(\frac{dr}{dt}e_r + r\frac{d\theta}{dt}e_\theta\right)$$

$$= \frac{d^2r}{dt^2}e_r + \frac{dr}{dt}\frac{de_r}{dt} + \frac{dr}{dt}\frac{d\theta}{dt}e_\theta + r\frac{d^2\theta}{dt^2}e_\theta + r\frac{d\theta}{dt}\frac{de_\theta}{dt}$$

ここで，式 (1.24)，式 (1.25) を用いて

$$a = \frac{d^2r}{dt^2}e_r - r\left(\frac{d\theta}{dt}\right)^2 e_r + \left(2\frac{dr}{dt}\frac{d\theta}{dt} + r\frac{d^2\theta}{dt^2}\right)e_\theta$$

$$a = \left\{\frac{d^2r}{dt^2} - r\left(\frac{d\theta}{dt}\right)^2\right\}e_r + \frac{1}{r}\frac{d}{dt}\left(r^2\frac{d\theta}{dt}\right)e_\theta \tag{1.28}$$

が得られる。

ここで，表記に関する注意をしておく。時刻 t で微分するときにかぎって，表記を簡潔にするために，ドット（・）を用いることがしばしばある。すなわち

$$\frac{dx}{dt} \quad \frac{d^2y}{dt^2} \tag{1.29}$$

などを

$$\dot{x} \quad \ddot{y} \tag{1.30}$$

と書く。式 (1.29) の表記は物理的意味はわかりやすいが，式変形などでは煩雑になって使いにくい場合がある。一方, (1.30) 式の表記は，物理的意味はわかりにくいが，式変形では微分表示がドットを打つだけなので見やすいという利点がある。ちなみに，(1.27) 式，(1.28) 式をドットを用いて書くと以下のようになる。

$$v = \dot{r}e_r + r\dot{\theta}e_\theta \tag{1.31}$$

$$a = (\ddot{r} - r\dot{\theta}^2)e_r + \frac{1}{r}\frac{d}{dt}(r^2\dot{\theta})e_\theta \tag{1.32}$$

どちらの表現を用いてもかまわないが，数式を見て意味がわかるようにしておかなくてはならないことは，いうまでもない。

C 極座標系（3次元）

前項 B をより発展させて、3次元で考えてみる。図1.15 のように、空間中の点 P は

$$P(r, \theta, \phi) \tag{1.33}$$

で表すことができる。

ここでも、B と同様に、x, y, z 軸方向の単位ベクトルを i, j, k、また r, θ, ϕ 方向の単位ベクトルを e_r, e_θ, e_ϕ とおく。

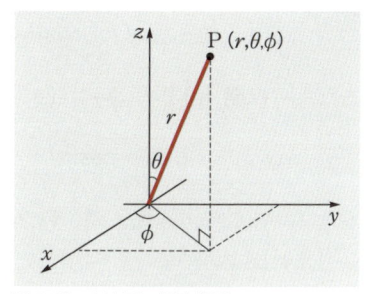

図1.15　3次元の極座標系

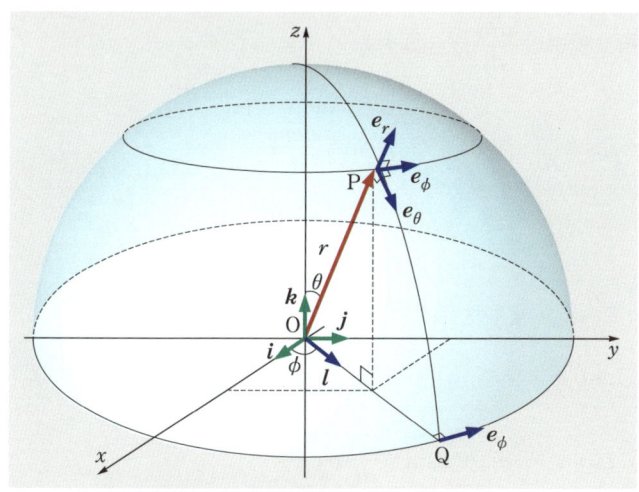

図1.16　3次元の極座標系と単位ベクトル

さらに、図1.16 のように点 Q を決めたとき OQ 方向の、xy 平面上での単位ベクトルを l と決める。この l は、図1.14 の e_r と同様に、i, j を用いて、

$$l = \cos\phi\, i + \sin\phi\, j \tag{1.34}$$

と書ける。ここで、この l を用いると、e_r, e_θ はそれぞれ、(1.22)式と同様に

$$e_r = \sin\theta\, l + \cos\theta\, k \tag{1.35}$$

$$e_\theta = \cos\theta\, l - \sin\theta\, k \tag{1.36}$$

となる。これらの式に、(1.34)式を代入すると

$$e_r = \sin\theta\cos\phi \bm{i} + \sin\theta\sin\phi \bm{j} + \cos\theta \bm{k} \tag{1.37}$$
$$e_\theta = \cos\theta\cos\phi \bm{i} + \cos\theta\sin\phi \bm{j} - \sin\theta \bm{k} \tag{1.38}$$

また，e_ϕ は図 1.17 のように xy 平面上に平行移動させると，図 1.14 の e_θ と同様に，

$$e_\phi = -\sin\phi \bm{i} + \cos\phi \bm{j} \tag{1.39}$$

となる。ここで，速度 v は，(1.26)式と同様に考えればよいので

$$v = \frac{dr}{dt}e_r + r\frac{de_r}{dt} \tag{1.40}$$

図 1.17　e_ϕ を xy 平面上へ

ここで，右辺第 2 項中の $\dfrac{de_r}{dt}$ を計算する。
(1.37)式より，

$$\begin{aligned}\frac{de_r}{dt} &= \cos\theta\frac{d\theta}{dt}\cos\phi \bm{i} - \sin\theta\sin\phi\frac{d\phi}{dt}\bm{i} \\ &\quad + \cos\theta\frac{d\theta}{dt}\sin\phi \bm{j} + \sin\theta\cos\phi\frac{d\phi}{dt}\bm{j} - \sin\theta\frac{d\theta}{dt}\bm{k} \\ &= \frac{d\theta}{dt}e_\theta + \sin\theta\frac{d\phi}{dt}e_\phi \end{aligned} \tag{1.41}$$

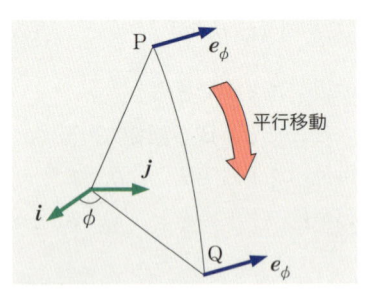

ここで，(1.38) 式と (1.39) 式を用いた

となるので，(1.40)式より，

$$v = \frac{dr}{dt}e_r + r\frac{d\theta}{dt}e_\theta + r\sin\theta\frac{d\phi}{dt}e_\phi \tag{1.42}$$

となる。なお，3 次元極座標の加速度については，2 次元の場合と同様の計算をするだけであるから，結果のみ表記する（計算過程を右ページの囲みに示す）。

加速度　$\bm{a} = (a_r,\ a_\theta,\ a_\phi)$

$$\begin{aligned} a_r &= \frac{d^2 r}{dt^2} - r\left(\frac{d\phi}{dt}\right)^2 \sin^2\theta - r\left(\frac{d\theta}{dt}\right)^2 \\ a_\theta &= r\frac{d^2\theta}{dt^2} + 2\frac{dr}{dt}\frac{d\theta}{dt} - r\left(\frac{d\phi}{dt}\right)^2 \sin\theta\cos\theta \\ a_\phi &= \frac{1}{r\sin\theta}\frac{d}{dt}\left(\frac{d\phi}{dt}r^2\sin^2\theta\right) \end{aligned} \tag{1.43}$$

1.3 直交座標と極座標系での速度と加速度

座標系について　　　　　　　　　　　　　　　　　　　COLUMN ★

　xy 直交座標系（デカルト座標）を用いて放物運動（第 3 章参照）などを解析することは高等学校で学んだとおりである。1 方向（鉛直方向）にのみ重力がかかり，その方向には等加速度運動をする。ただし，それに垂直な方向（水平方向）には力が働かないために，その方向には等速度運動となる。このような理由から，重力のみが働くような落体の運動では一般にデカルト座標が用いられる。しかし，天体の運行などを考えるときには，地球からの観測を考えて，地球からの距離と観測角度が重視されるため極座標が便利である。

　座標系の選択は，その現象にあわせて処理しやすいか否かに焦点を当てて考えなくてはならない。その煩わしさをなくしてくれるのが解析力学であるが，その解析力学を学ぶまでは十分に悩んで選択していただきたい。悩むことで現象をつかもうとする物理的思考能力が養われることを忘れないで欲しい。そうすることで，本当の意味での解析力学のすばらしさ，完成度の高さを理解できるのである。

---

3 次元極座標系の加速度：(1.43) 式の導出

(1.42) 式より速度は　　$\boldsymbol{v} = \dfrac{dr}{dt}\boldsymbol{e}_r + r\dfrac{d\theta}{dt}\boldsymbol{e}_\theta + r\sin\theta\dfrac{d\phi}{dt}\boldsymbol{e}_\phi$　　なので，

これを時間で微分すると

$$\boldsymbol{a} = \frac{d\boldsymbol{v}}{dt} = \frac{d^2 r}{dt^2}\boldsymbol{e}_r + \frac{dr}{dt}\frac{d\boldsymbol{e}_r}{dt} + \frac{dr}{dt}\frac{d\theta}{dt}\boldsymbol{e}_\theta + r\frac{d^2\theta}{dt^2}\boldsymbol{e}_\theta + r\frac{d\theta}{dt}\frac{d\boldsymbol{e}_\theta}{dt}$$

$$+ \frac{dr}{dt}\sin\theta\frac{d\phi}{dt}\boldsymbol{e}_\phi + r\cos\theta\frac{d\theta}{dt}\frac{d\phi}{dt}\boldsymbol{e}_\phi + r\sin\theta\frac{d^2\phi}{dt^2}\boldsymbol{e}_\phi + r\sin\theta\frac{d\phi}{dt}\frac{d\boldsymbol{e}_\phi}{dt}$$

ここで (1.41) 式より　　$\dfrac{d\boldsymbol{e}_r}{dt} = \dfrac{d\theta}{dt}\boldsymbol{e}_\theta + \sin\theta\dfrac{d\phi}{dt}\boldsymbol{e}_\phi$

また，同様に考えて　　$\dfrac{d\boldsymbol{e}_\theta}{dt} = -\dfrac{d\theta}{dt}\boldsymbol{e}_r + \cos\theta\dfrac{d\phi}{dt}\boldsymbol{e}_\phi$

さらに　　$\dfrac{d\boldsymbol{e}_\phi}{dt} = -\dfrac{d\phi}{dt}(\sin\theta\boldsymbol{e}_r + \cos\theta\boldsymbol{e}_\theta)$

これを代入すると

$$\boldsymbol{a} = \left\{\frac{d^2 r}{dt^2} - r\left(\frac{d\phi}{dt}\right)^2\sin^2\theta - r\left(\frac{d\theta}{dt}\right)^2\right\}\boldsymbol{e}_r$$

$$+ \left\{r\frac{d^2\theta}{dt^2} + 2\frac{dr}{dt}\frac{d\theta}{dt} - r\left(\frac{d\phi}{dt}\right)^2\sin\theta\cos\theta\right\}\boldsymbol{e}_\theta$$

$$+ \left\{r\frac{d^2\phi}{dt^2}\sin\theta + 2\frac{dr}{dt}\frac{d\phi}{dt}\sin\theta + 2r\frac{d\theta}{dt}\frac{d\phi}{dt}\cos\theta\right\}\boldsymbol{e}_\phi$$

よって，加速度 $\boldsymbol{a}$ の要素 a_r, a_θ, a_ϕ が求まる（特に a_ϕ は (1.43) 式の微分を計算して確認してみよう）。

例題 1-8　等速円運動の速度，加速度

半径 r，角速度 ω で等速円運動する質点がある。円の中心を極とする極座標の速度成分 v_r, v_θ および，加速度成分 a_r, a_θ を求めなさい。

●解答　(1.27) 式において，v_r は $\boldsymbol{e}_r$ 方向の成分，v_θ は $\boldsymbol{e}_\theta$ 方向の成分なので，

$$v_r = \frac{dr}{dt} = 0, \qquad v_\theta = r\frac{d\theta}{dt} = r\omega$$

a_r, a_θ も同様に (1.28) 式より

$$a_r = \frac{d^2 r}{dt^2} - r\left(\frac{d\theta}{dt}\right)^2 = 0 - r\omega^2 = -r\omega^2$$

$$a_\theta = \frac{1}{r}\frac{d}{dt}\left(r^2 \frac{d\theta}{dt}\right) = 0$$

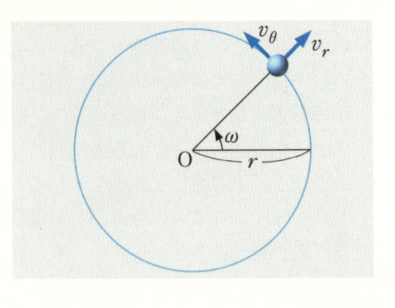

例題 1-9　正射影点の運動

質点が，半径 r の半円周上を図のように運動している。この質点の x 軸上への正射影点が速度 v の等速度運動するとき，円の中心を極とする極座標での加速度成分 a_r, a_θ を v, r, θ を用いて表しなさい。

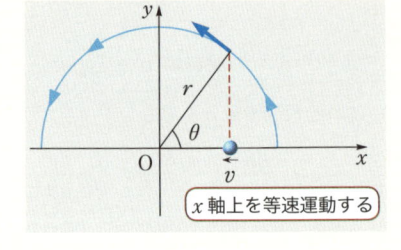

●解答　図より　$x = r\cos\theta$

題意より

$$v = \frac{dx}{dt} = -r\sin\theta \frac{d\theta}{dt} \quad \therefore \quad \frac{d\theta}{dt} = -\frac{v}{r\sin\theta}$$

(1.28) 式より

$$a_r = \frac{d^2 r}{dt^2} - r\left(\frac{d\theta}{dt}\right)^2 = 0 - r\left(-\frac{v}{r\sin\theta}\right)^2 = -\frac{v^2}{r\sin^2\theta}$$

$$a_\theta = \frac{1}{r}\frac{d}{dt}\left(r^2 \frac{d\theta}{dt}\right) = \frac{1}{r}\frac{d}{dt}\left(-\frac{rv}{\sin\theta}\right) = \frac{1}{r}\left(\frac{rv\cos\theta}{\sin^2\theta}\frac{d\theta}{dt}\right) = -\frac{v^2\cos\theta}{r\sin^3\theta}$$

例題 1-10　等角らせん上の運動

極座標平面上で，$r = Ae^{k\theta}$ の軌道上を，角速度一定で運動する質点がある。この質点の，速度，加速度の極座標成分 v_r, v_θ，および a_r, a_θ を求めなさい。ただし，A, k は定数である（これを等角らせん上の運動という）。

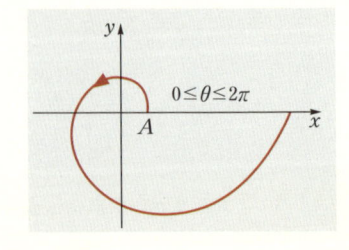

● 解答

(1.27) 式より

$$v_r = \frac{dr}{dt} = Ak e^{k\theta} \frac{d\theta}{dt}, \qquad v_\theta = r\frac{d\theta}{dt} = A e^{k\theta} \frac{d\theta}{dt}$$

(1.28) 式より

$$a_r = \frac{d^2 r}{dt^2} - r\left(\frac{d\theta}{dt}\right)^2 = Ak^2 e^{k\theta}\left(\frac{d\theta}{dt}\right)^2 - A e^{k\theta}\left(\frac{d\theta}{dt}\right)^2$$

$$\left(\because 角速度一定より,\ \frac{d}{dt}\left(\frac{d\theta}{dt}\right) = 0\right)$$

$$\therefore\ a_r = (k^2 - 1) A e^{k\theta}\left(\frac{d\theta}{dt}\right)^2$$

$$a_\theta = \frac{1}{r}\frac{d}{dt}\left(r^2 \frac{d\theta}{dt}\right) = 2\frac{dr}{dt}\frac{d\theta}{dt} = 2Ak e^{k\theta}\left(\frac{d\theta}{dt}\right)^2$$

緯度と経度　　　　　　　　　　　COLUMN ★

緯度，経度は地球上あらゆる場所を座標として表すことのできるもので，以下のように決められている。

緯度：下の左図のように赤道面を基準として，緯度を 0 度と決め，地球表面上のある点の地表面に対する法線が赤道面となす角を緯度とする。このとき，北極を北緯 90 度，南極を南緯 90 度と決め，同じ緯度を示す緯線は，必ず赤道に平行になる。

経度：下の右図のようにイギリスの旧グリニッジ天文台を通る子午線を基準と決め，東西に 180 度までの角度で表す。子午線とは，極を結ぶ赤道に垂直な経線のことであり，経度 0 度の経線を本初子午線とよぶ。日本では，東経 135 度（兵庫県明石市を通る）の経線を日本中央子午線と決め，日本時間（日本標準時間）を決定する基準となっている。

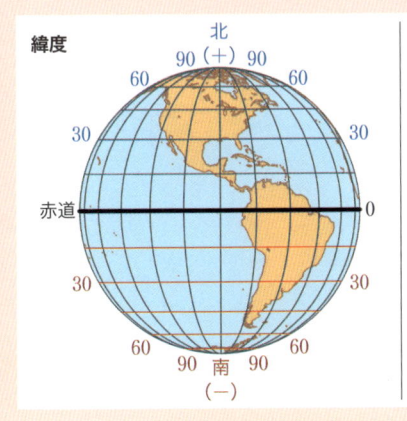

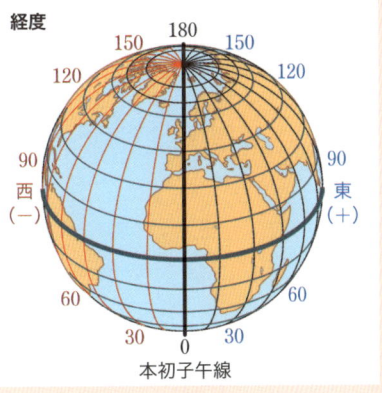

演習問題

1-1
一直線上を運動する質点の時刻 t での位置 x が以下のように表されるとき，それぞれ速度，加速度を求め，さらに速度が0になるときの時刻を求めなさい．
(1) $x = A + Bt + Ct^2$
(2) $x = Ae^{-\beta t}\cos\omega t$
(3) $x = A\sin\omega t + B\cos\omega t$
ただし，A, B, C, ω, β はすべて定数である．

1-2
半径 r（一定），角速度 ω（一定）の等速円運動では，
$$x = r\cos\omega t, \quad y = r\sin\omega t$$
と表すことができる．このことより以下のことを示しなさい．
(1) 速度の接線方向成分を v_θ，法線方向成分を v_r とするとき
$$v_\theta = r\omega, \quad v_r = 0$$
(2) 加速度の接線方向成分を a_θ，法線方向成分を a_r とするとき
$$a_\theta = 0, \quad a_r = -r\omega^2$$

1-3
x 軸上の運動で，時刻 t を x の関数とし，速度と加速度を v, α とするとき
$$\alpha = -v^3 \frac{d^2 t}{dx^2}$$
が成立することを示しなさい．

1-4
ある任意の点Oを原点として極座標 r, θ を右図のようにとる．ある質点が速さ v で運動しており，
$$v_r = -v - v\cos\theta, \quad v_\theta = v\sin\theta$$
であるとき，質点の軌跡が
$$r = \frac{(定数)}{1-\cos\theta}$$
で表されることを示しなさい．

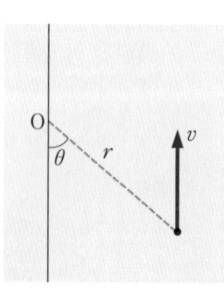

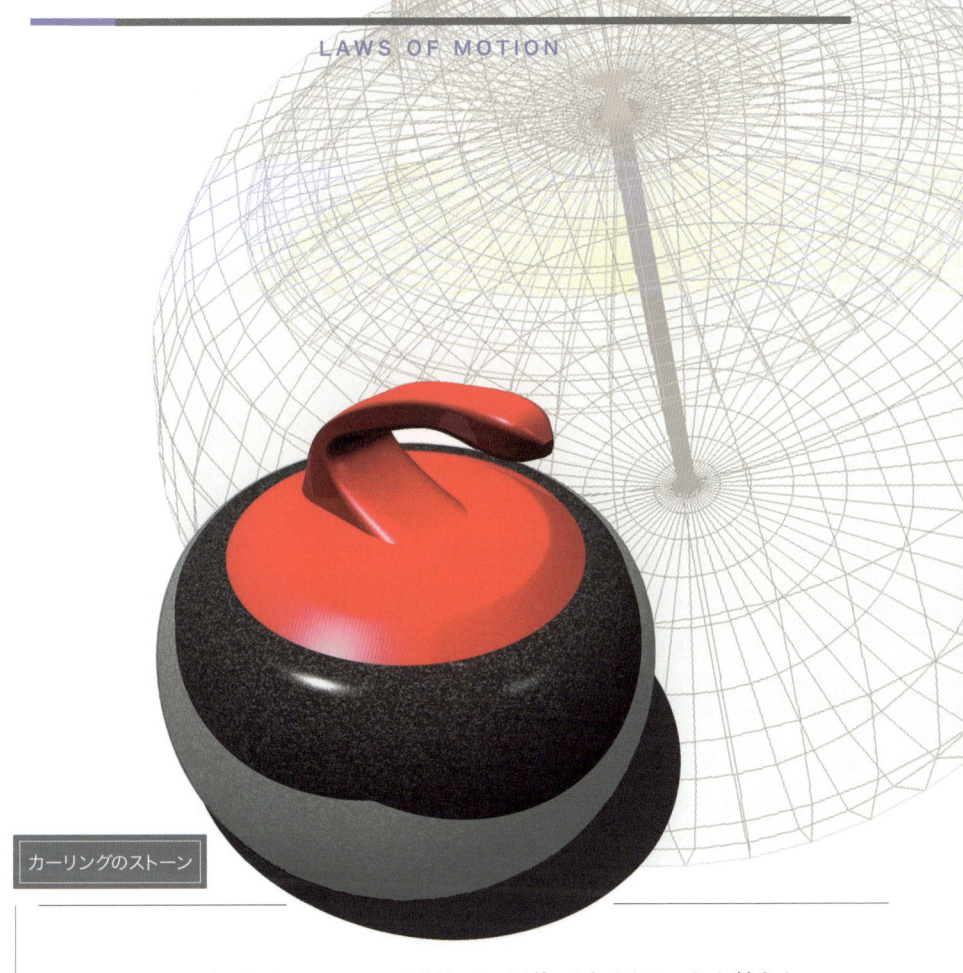

2. 運動の法則とその応用
LAWS OF MOTION

カーリングのストーン

カーリングは氷上でストーンを滑らせ，目的へ近づけることを競うウィンタースポーツである．この章で学ぶ運動の法則と保存則を理解すれば，カーリングを観戦あるいは競技するとき，ストーンの動きの見え方が変わってくるのではないだろうか．

この章では，運動の3つの法則を学び，また，力学における重要な保存則（エネルギー保存則，運動量保存則，角運動量保存則）が運動の法則の変形であることを理解し，その使い方を身につけ，解析力学への基礎を作り上げる．

2.1 運動の3法則

A 慣性の法則（第1法則）

図2.1 (a) のように，なめらかな水平面上に静止している物体を考える。この物体は，力を与えないかぎり動き出すことはなく，静止したままである。次に，図2.1 (b) のように，なめらかな水平面上を運動している物体を考えると，この物体は，力を与えないかぎり現在の運動状態を維持することになる。すなわち，向きを変えることもなく，速さも変わることはない。

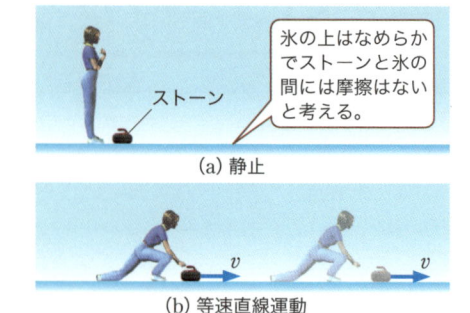

図2.1 カーリング

このように，物体は，運動状態をそのまま維持しようとする性質（**慣性**とよぶ）をもつ。以上述べた運動の性質を**慣性の法則**とよぶ。

> **慣性の法則（運動の第1法則）**
>
> 物体に力が働いていないとき，もしくは働いていたとしてもその合力が0であるとき，静止している物体は静止し続け，運動している物体は，その運動を維持する。

ある系において，慣性の法則が成立する場合，この系のことを**慣性系**とよぶ。一般に，地面は慣性系であるが，加速度運動する電車内などは，慣性系ではない。このような慣性系ではない系のことを**非慣性系**とよぶ。非慣性系は，第7章で詳しく学ぶことになる。

B 運動方程式（第2法則）

図2.2 のような同じ大きさの2つの物体を考えよう。一方は，ピンポン球であり，他方は鉄球とする。2つの球に，同じ大きさの力を与えたとき，当然，運動の仕方は異なる。ピンポン球は，容易に動かすことができるが，鉄球のほうは動きにくいであろう。これは，鉄球のほうが，ピンポン球より慣性が大きいということを表し

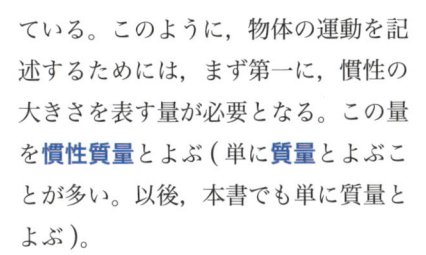

ている。このように，物体の運動を記述するためには，まず第一に，慣性の大きさを表す量が必要となる。この量を**慣性質量**とよぶ（単に**質量**とよぶことが多い。以後，本書でも単に質量とよぶ）。

質量 m の物体を摩擦の無視できるなめらかな水平面上に静止させている場合を考える。当然，慣性の法則より，この物体に力を与えないかぎり運動し始めることはない。そこで，図 **2.3** のように，水平方向に力 F を加えたときの，物体の運動の様子を考えよう。

静止していた物体が動き出すのだから，そこには必ず加速度 a が生じる。しかし，質量 m が大きいほど，動くまいとする慣性が大きいので，この物体に生じる加速度 a は小さくなると考えられる。すなわち，図 **2.4** に示すように，生じる加速度 a は，力 F の大きさが一定のとき，質量 m に反比例するはずである。一方，質量 m が決まってしまえば，力 F の大きさが大きいほど，大きな加速度 a が得られるはずである。これを，式で表現すると，

$$|a| \propto \frac{1}{m}, \quad a \propto F \tag{2.1}$$

記号 $\propto$ は「比例する」という意味である。

となる。ここで，物体に生じる加速度 a は，当然，力 F の向きと一致するのでベクトルで表した。

さて，ここで，(2.1) 式を1つにまとめるために，正の比例定数 k を導入しよう。すると，(2.1) 式は，

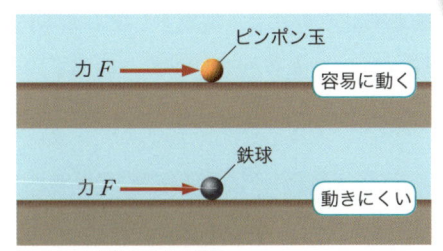

$$a = k\frac{F}{m} \tag{2.2}$$

図 2.2 同じ大きさの物体

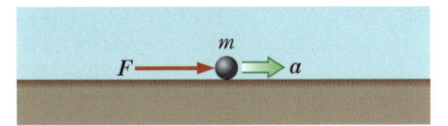

図 2.3 質点に力を加える

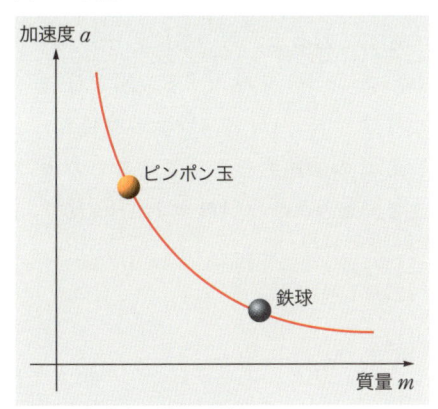

図 2.4 加速度と質量の関係

2 運動の法則とその応用

となる。この式は，現象としても非常にわかりやすい式である。物体に生じる加速度 a は，力 F の向きに生じ，加速度の大きさは，力の大きさに比例し，質量に反比例する，ということである。まさにこれが，**運動の第 2 法則**である。

> **運動方程式（運動の第 2 法則）**
> 物体に力が働くとき，物体にはその力の向きに加速度が生じる．その加速度は，その力に比例し，その物体の質量に反比例する．
> $$a = k\frac{F}{m}$$

ここで，比例定数 k について，詳しく述べておこう。力の単位として，N（ニュートン）を導入する。**図 2.5** に示すように，1N は，1kg の物体に，1m/s^2 の加速度を生じさせる力の大きさで定義される（1N = 1m·kg/s^2）。これを，(2.2) 式に代入すると，

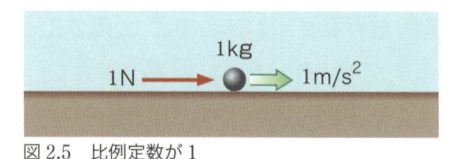

図 2.5　比例定数が 1

$$1 = k\frac{1}{1} \tag{2.3}$$

となり，力 F の大きさを表す単位として N を選べば，すなわち，比例定数を $k = 1$ とおいたことになる。もちろん，比例定数を $k = 1$ としたときの力の大きさの単位を N と決めた，と考えてもよい。このように考えると，(2.2) 式は，

$$ma = F \tag{2.4}$$

と変形でき，この式のことを**運動方程式**という。このとき，この式の意味は，

> 質量 m の物体に加速度 a を生じさせたのは力 F である

となり，運動方程式自体が，**因果関係**を表す式であることを示している。すなわち，

> ma：質量 m の物体に加速度 a が生じた　⇒　結果
> F　：力 F が働いたためである　　　　　　⇒　原因

であり，**（結果）＝（原因）** を示す式になっている．力学において因果関係を明らかにすることは非常に重要なことであり，この運動方程式から，さまざまな法則が導かれることからも，その重要性を理解しなくてはならない．

(2.4) 式は，速度 v, 変位 r を用いて

$$m\frac{dv}{dt} = F \tag{2.5}$$

$$m\frac{d^2 r}{dt^2} = F \tag{2.6}$$

と書くこともできる．

また，図 2.6 の左側に示すように，重さを表す単位として kgW（キログラム重）があるが，これは，地球の重力を基準に決められたものである．それに対して N は，物体に生じる加速度から定義されたものである．地球上以外での考察も必要となることから，ニュートン力学では，力の単位は主として N を用いる．

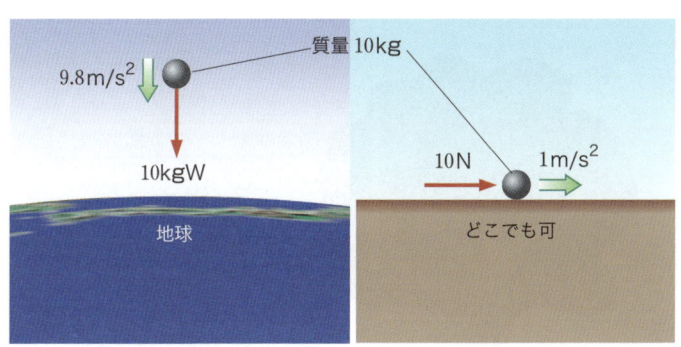

図 2.6　重さの単位と力の単位

◯C 作用・反作用の法則（第 3 法則）

図 2.7 は，2 台の台車に，磁石が取り付けられており，たがいに一直線上を自由に動ける状態になっている様子である．このとき，磁石 A が磁石 B におよぼす力を F_1, 逆に磁石 B が磁石 A におよぼす力を F_2 とする．これ

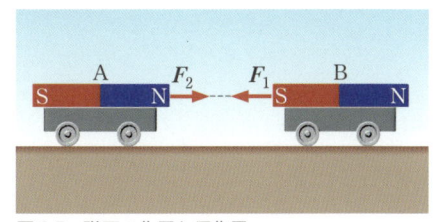

図 2.7　磁石の作用と反作用

らの力 F_1 と F_2 はたがいに逆向きで同じ大きさであることが知られている。すなわち，

$$F_1 = -F_2 \tag{2.7}$$

が成立する。このことを**作用・反作用の法則**という。一方の力を**作用**，他方の力を**反作用**といい，F_1, F_2 に対して，作用，反作用の区別をつける必要はない。一般的に作用・反作用の法則を述べると，

> **作用・反作用の法則（運動の第3法則）**
>
> 物体 A から物体 B に力が作用しているとき，物体 B からも物体 A に力が作用している。これらの力は一直線上にあり，たがいに逆向きで同じ大きさである。

この作用・反作用の法則は，2.3節で学ぶ運動量保存則の基礎となる重要な法則である。

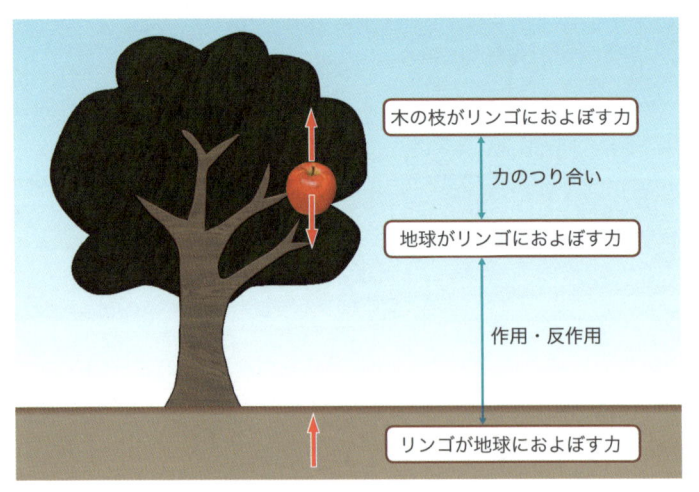

2.1 運動の3法則

―高校物理の復習―

●力の合成と分解

力の和を求める（力を足し合わせる）ことを力の合成という。力はベクトル量であるから，力の和を考えるときにはベクトル和で考えなくてはならない。下図のように図形で考えることもでき，このような方法を**平行四辺形の法則**とよぶ。

F_1 と F_2 を合わせて F を合成するように，F を F_1 と F_2 に分けることもできる。これを力の分解という。右図のように平行四辺形を描くことができれば力の合成・分解ができるので，F を得るための力の組み合わせは無数にあることがわかる。

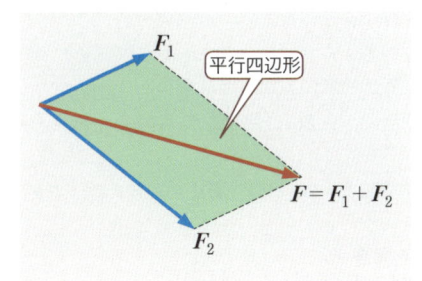

●力のつり合い

右下の図で，物体が静止しているとき，力のつり合いから

$$mg\sin\theta = f$$

と書ける。これは，$mg\sin\theta$ と f がたがいに逆向きで同じ大きさであることを示す式である。しかし，これを運動方程式で以下のように表すこともできる。

$$m \cdot 0 = mg\sin\theta - f$$

これは，加速度を0としたもので，力のつり合いと数学的には同じである。ニュートンの運動方程式は，加速度を $a=0$ とすることで，慣性の法則をも満足していることがわかる。

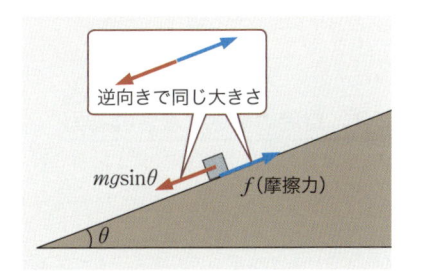

例題2-1　力からの運動状態の分析

時刻 $t=0$ において $x=0$（原点）に静止していた質量 m の質点に，右のグラフで表される力を加えた場合を考える。ただし，質点は一直線上（x 軸上）のみを運動するものとし，力 F も x 軸方向にのみ働くものとする。

(1) 時刻 $t=0$ から $t=t_0$ までの質点の運動の様子を述べなさい。
(2) 時刻 $t=t_0$ から $t=2t_0$ までの質点に生じる加速度の大きさを求めなさい。
(3) 時刻 $t=2t_0$ における質点の速さを求めなさい。
(4) 時刻 $t=2t_0$ 以降の質点の運動の様子を述べなさい。

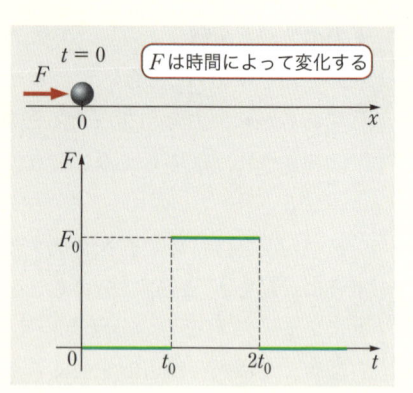

● 解答

(1) $0 \leq t \leq t_0$ では，質点に働く力は 0 である。質点は最初静止しているので，静止したままである。

(2) 運動方程式より　$ma = F_0$　∴ $a = \dfrac{F_0}{m}$

(3) $a = \dfrac{dv}{dt}$ より，両辺を t で積分して $v = \int a\,dt$

∴ $v = \dfrac{F_0}{m}\left(\int_0^{t_0} 0\,dt + \int_{t_0}^{2t_0} dt\right) = \dfrac{F_0}{m} t_0$

(4) $2t_0 \leq t$ では，(1)と同様に，質点に働く力は 0 である。質点は，時刻 $2t_0$ で，$v = \dfrac{F_0}{m} t_0$ となっているので，慣性の法則より，このままの速さで，等速直線運動をする。

例題2-2　時間の関数で表される力

例題 2-1 において，力 F の時間変化が，右のグラフで表されるとき，以下の問いに答えなさい。

(1) 質点に生じる加速度を t の関数として求めなさい。
(2) 質点の速さを t の関数として求めなさい。
(3) 時刻 $t = t_0$ における質点の速さを求めなさい。
(4) 質点の変位を t の関数として求めなさい。

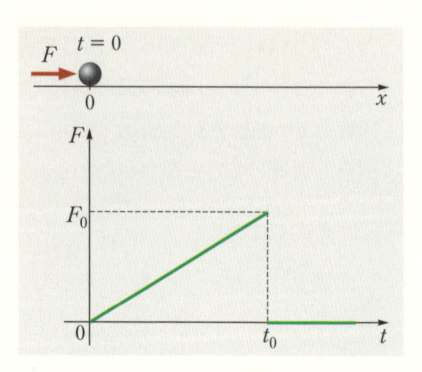

● 解答

(1) グラフより $0 \leq t \leq t_0$ では，$F = \dfrac{F_0}{t_0}t$

運動方程式より $ma = \dfrac{F_0}{t_0}t$ $\therefore a = \dfrac{F_0}{mt_0}t$

$t_0 \leq t$ では $F = 0$

$\therefore a = 0$

(2) $0 \leq t \leq t_0$ では

$$v = \int a\,dt = \dfrac{F_0}{mt_0}\int_0^t t\,dt = \dfrac{F_0}{mt_0}\dfrac{1}{2}t^2 = \dfrac{F_0}{2mt_0}t^2$$

$t_0 \leq t$ では $t = t_0$ として

$$v = \dfrac{F_0 t_0}{2m}$$

(3) (2)において $t = t_0$ として $v(t_0) = \dfrac{F_0}{2mt_0}t_0^2 = \dfrac{F_0 t_0}{2m}$

(4) $0 \leq t \leq t_0$ では

$$x = \int v\,dt = \dfrac{F_0}{2mt_0}\int_0^t t^2\,dt = \dfrac{F_0}{6mt_0}t^3$$

$t_0 \leq t$ では $x = \dfrac{F_0 t_0^2}{6m} + \dfrac{F_0 t_0}{2m}(t - t_0) = \dfrac{F_0 t_0^2}{3m} + \dfrac{F_0 t_0}{2m}t$

例題2-3　斜面上での物体の運動

なめらかな傾角 θ の斜面の下端から斜面上方に向かって質量 m の質点を初速度 v_0 で打ち出した。図のように x 座標を決めたとき，加速度，速度，変位を時刻 t の関数として表しなさい。ただし，斜面は十分に長いものとし，重力加速度を g，打ち出した時刻を $t = 0$ とする。

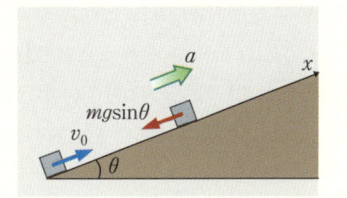

● 解答

質点のこの座標における運動方程式は次のとおりである。

$$m\dfrac{dv}{dt} = -mg\sin\theta \quad \therefore \quad \dfrac{dv}{dt} = -g\sin\theta$$

これを積分すると　$v = -g\sin\theta \cdot t + C$　（C：積分定数）

$t = 0$ のとき $v = v_0$ なので　$C = v_0$　$\therefore$　$v = v_0 - g\sin\theta \cdot t$

さらに積分して

$$x = v_0 t - \dfrac{1}{2}g\sin\theta \cdot t^2 + C' \quad (C':積分定数)$$

$t = 0$ のとき $x = 0$ なので　$C' = 0$　$\therefore$　$x = v_0 t - \dfrac{1}{2}g\sin\theta \cdot t^2$

2.2 仕事

A 仕事の定義

図 2.8 のように，質点が一定の力 F を受けながら，力 F の向きに一直線上を x だけ移動したと考えよう。このとき，力 F と動いた距離の積を

$$W = Fx \tag{2.8}$$

と記し，この W のことを，**仕事**という。このとき，「力 F は，質点に対して仕事をする」または「質点は，力 F に仕事をされる」という。

この定義のもとに，より一般化して考えよう。図 2.9 のように，質点に働く力 F と移動方向とのなす角が θ のとき，x だけ移動させるのに必要な仕事を W としてみよう。ここで，F を移動方向とそれに垂直な方向に分解して考えると，$F\sin\theta$ は，x 方向に移動させることに関してなんら仕事をしていないのは明らかである。すなわち，x 方向に移動させることに対して仕事をしたのは，力 $F\cos\theta$ である。よって，この場合は，

$$W = F\cos\theta\, x \tag{2.9}$$

となる。

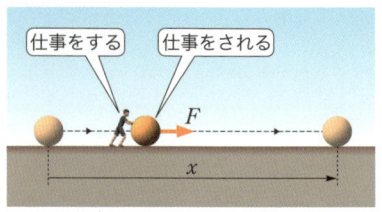

図 2.8 仕事をする人

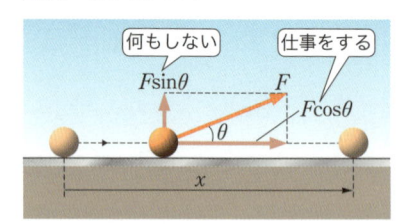

図 2.9 仕事をしない力

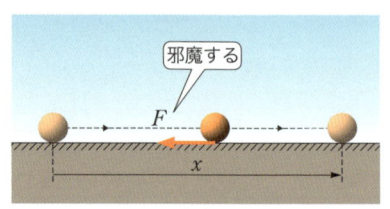

図 2.10 マイナスの仕事

では，図 2.10 のように，質点に動摩擦力 F が働くとき，動摩擦力 F のする仕事はどのように表されるであろうか。この場合，いってみれば，力 F は x 移動することに関して「邪魔」をしているのであるから，負の仕事として

$$W = -Fx \tag{2.10}$$

と書ける。

ここで，(2.8)～(2.10)式を1つの式で表すことを考え，ベクトルの内積（スカラー積）を導入しよう。力のベクトルを $\boldsymbol{F}$，変位ベクトルを $\boldsymbol{x}$，$\boldsymbol{F}$ と $\boldsymbol{x}$ がなす角度を θ

とすると，

$$W = \boldsymbol{F} \cdot \boldsymbol{x} = |\boldsymbol{F}||\boldsymbol{x}|\cos\theta \tag{2.11}$$

となり，(2.8)～(2.10) 式をすべて満足していることになる。(2.10) 式は，$\cos\pi = -1$ となる場合である。

B 積分を用いた表現

さて，仕事を力のベクトルと変位ベクトルの内積で定義できたところで，力 $\boldsymbol{F}$ の大きさが一定でなく，運動の軌道も一直線上でない場合を考えてみよう。

図 2.11 のように，任意の曲線 C に沿って点 A から点 B まで質点を移動させる。このとき，微小距離 $d\boldsymbol{r}$ だけ移動させるのに要する微小仕事 dW は，(2.9) 式より

$$dW = F\cos\theta\, dr \tag{2.12}$$

これを，内積を用いて書くと，変位ベクトルをあらたに $d\boldsymbol{r}$ ($|d\boldsymbol{r}| = dr$) として

$$dW = \boldsymbol{F} \cdot d\boldsymbol{r} \tag{2.13}$$

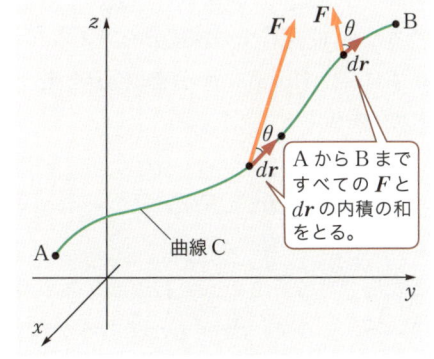

図 2.11　より一般的な仕事の計算

と書ける。曲線 C に沿って dW の和をとれば，点 A から点 B まで質点を移動したときの仕事 W を求めることができる。よって，(2.13) 式を積分すると，

$$W = \int_C \boldsymbol{F} \cdot d\boldsymbol{r} \tag{2.14}$$

これが仕事である。この積分のことは**線積分**とよばれる。

2.3 エネルギー

A 運動エネルギーと仕事の関係

質量 m の質点が力 F を受けて運動する場合の運動方程式を考える。図 2.12 より、運動方程式は、

$$m\frac{d\boldsymbol{v}}{dt} = \boldsymbol{F} \qquad (2.15)$$

と書ける。ここで、仕事との関係を求めるため、曲線Cでの線積分を考える。まずは、(2.15) 式に微小変位 $d\boldsymbol{r}$ を乗じて (内積をとって)、

$$m\frac{d\boldsymbol{v}}{dt} \cdot d\boldsymbol{r} = \boldsymbol{F} \cdot d\boldsymbol{r} \qquad (2.16)$$

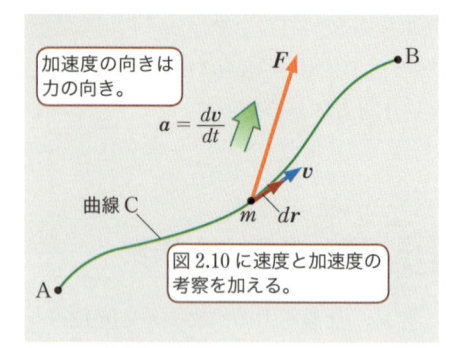

図 2.12 曲線上の質点

と変形できる。この式の右辺は、微小変位 $d\boldsymbol{r}$ 移動するのに要する微小仕事になっている。ここで、$d\boldsymbol{r} = \boldsymbol{v}dt$ であるから、(2.16) 式は、左辺のみ変形して

$$m\frac{d\boldsymbol{v}}{dt} \cdot \boldsymbol{v}dt = \boldsymbol{F} \cdot d\boldsymbol{r} \qquad (2.17)$$

$$\therefore \quad m\boldsymbol{v} \cdot d\boldsymbol{v} = \boldsymbol{F} \cdot d\boldsymbol{r} \qquad (2.18)$$

となる。ここで、始点 A から、終点 B までの曲線 C に沿った線積分を実行する (図 2.13)。このとき、点 A、点 B での質点の速度を $\boldsymbol{v}_A$, $\boldsymbol{v}_B$ とすると、

$$\left[\frac{1}{2}mv^2\right]_{v_A}^{v_B} = \int_C \boldsymbol{F} \cdot d\boldsymbol{r} \qquad (2.19)$$

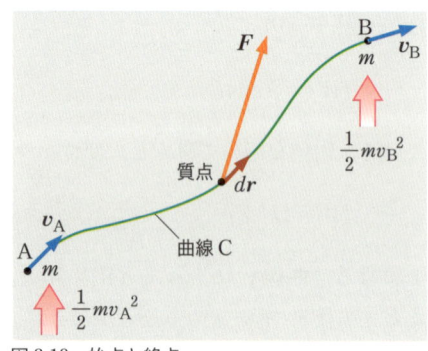

図 2.13 始点と終点

すなわち、$|\boldsymbol{v}_A| = v_A$, $|\boldsymbol{v}_B| = v_B$ とおいて、

$$\frac{1}{2}mv_B^2 - \frac{1}{2}mv_A^2 = \int_C \boldsymbol{F} \cdot d\boldsymbol{r} = W \qquad (2.20)$$

となる。ここで，話を簡単にするために，図 2.14 のように一直線上で考えてみよう。さらに，物体に働く運動方向の力は，運動を妨げる向きに一定の大きさの摩擦力 F が働いており，距離 x だけ移動して停止したと考える。

このとき，始点 A で速さが v_A，終点 B で速さが $v_B = 0$ と考えて，(2.20) 式は，

$$0 - \frac{1}{2}m{v_A}^2 = -Fx \tag{2.21}$$

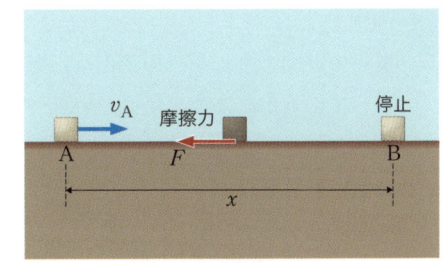

図 2.14　一直線上を動く物体

となる。これより，

$$\frac{1}{2}m{v_A}^2 = -(-Fx) = -W \tag{2.22}$$

と変形すると，この式の意味は，

> 速度 v_A の質点は，停止するまでに，摩擦力 F に抗して $\frac{1}{2}m{v_A}^2$ だけの仕事をした

ということを表している。すなわち，言い換えれば，

> 速度 v_A の質点は，$\frac{1}{2}m{v_A}^2$ だけの仕事をする能力をもっている

ということになる。この，「仕事をする能力」のことを**エネルギー**とよび，とくに物体が運動しているときの運動能力を表すエネルギー $K = \frac{1}{2}mv^2$ のことを**運動エネルギー**とよんでいる。以上より，式 (2.20)

$$\frac{1}{2}m{v_B}^2 - \frac{1}{2}m{v_A}^2 = \int_C \boldsymbol{F} \cdot d\boldsymbol{r} = W \tag{2.23}$$

は，以下のような意味になる。

> 質点の運動エネルギーの変化は，考えている 2 点間で，質点に働くすべての力がした仕事に等しい

簡単に言い換えれば，

> 運動エネルギーが変化したのは，外力が仕事をしたからである

という，運動エネルギーと仕事に関する因果関係を表した式である。これは，運動方程式という，力に関する因果関係を表す式を，いってみれば変位で積分しただけであるから当然の結果といえる。

B 保存力の概念と位置エネルギー

質点を移動させ，ふたたび元の位置に戻るまでに力がした全仕事がゼロになるような場合，この力のことを**保存力**という。たとえば，図 2.15 のように，質点を鉛直に投げ上げた場合，物体に働く力は重力のみである。変位を上向きに正とすると，質点に働く力は，

$$F = -mg$$

であるから，$x = 0$ で，投げ上げて，ふたたび $x = 0$ の点に戻るまでにした仕事は，(2.14) 式より

$$W = \int_0^0 (-mg) dx = 0 \tag{2.24}$$

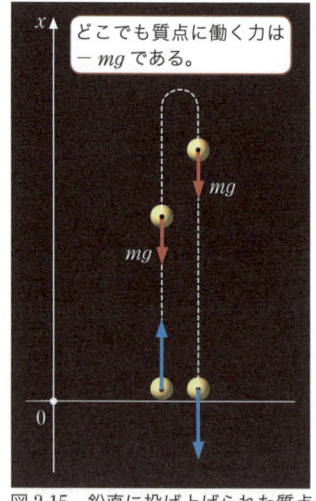

図 2.15 鉛直に投げ上げられた質点に働く重力

となり，重力は，保存力であることがわかる。質点に働く力が保存力のみの場合をくわしく考えてみよう。

図 2.16 のように，質点を点 A から点 B まで移動させる，経路 C_1 と経路 C_2 の 2 つの経路があると仮定する。ここで，点 A から出発して点 B まで経路 C_1 を移動させた場合に必要な仕事を W_{C_1}，経路 C_2 を移動させた場合を W_{C_2} とする。

さて今度は，図2.16 の経路において次のように考えてみよう。すなわち，図2.17 のように，点 A から経路 C_1 を通って点 B まで行き，続いて点 B から経路 C_2 を通って再び点 A に戻ることを考える。このとき，質点に働く力が保存力であれば，そのときの全仕事は 0 である。点 B から点 A まで，経路 C_2 で戻ってくるときの仕事は，$-W_{C_2}$ に等しいので，

$$W_{C_1} + (-W_{C_2}) = 0 \quad (2.25)$$

が成立することになる。これより，質点に働く力が保存力のみの場合，

$$W_{C_1} = W_{C_2}$$

が成立する。これは，点 A から点 B まで移動するのに要する仕事は，経路 C_1 でも経路 C_2 でも同じであることを示している。すなわち，これは，

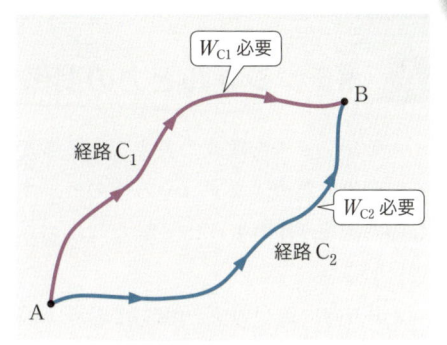

図 2.16　違う経路を進む

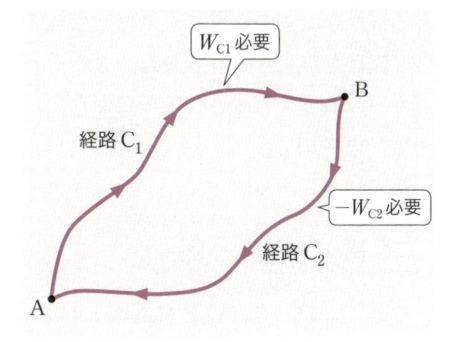

図 2.17　違う経路を戻る

> 保存力のする仕事は，質点の移動経路によらない。

ということを表している。

　このように，2 点の位置が決まれば，仕事の大きさが決まるような場合は，質点に働く力は保存力であり，その力に基づく**位置エネルギー**を定義することができる。位置エネルギーとは，質点の位置が変わることによって増減するエネルギーであるが，位置が変わる際，仕事が経路によらないため，位置だけで決定できる量である。位置エネルギーは**ポテンシャル**とよばれることもある。

2.4 ポテンシャル

A ポテンシャルと力の関係

ポテンシャルを数式で表すことを考える。簡単のため，まずは一方向のみ，すなわち図2.18のように x 軸方向にのみ着目する。

x 正方向に保存力 F が働いており，図のように点A，A'，Bを決める。ここで，ある質点を点Aから点Bまで移動させるのに保存力がする仕事を W_{AB}，また，点A'から点Bまで移動させるのに保存力が

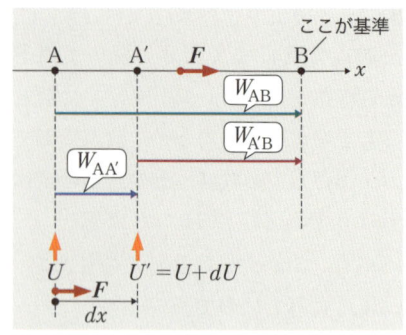

図2.18 1次元でのポテンシャル

する仕事を $W_{A'B}$ とする。このように決めると，点Aから点A'まで移動させるのに保存力がする仕事は，

$$W_{AA'} = W_{AB} - W_{A'B} \tag{2.26}$$

となる。このとき，点Bを基準として考え，点AのポテンシャルをU，点A'のポテンシャルを U' とすると

$$W_{AA'} = U - U' \tag{2.27}$$

となる。ここで，点Aと点A'の変位を微小として dx とおき，さらに，$U' = U + dU$ とおくと，(2.26)式の $W_{AA'}$ は Fdx と書けるので，

$$Fdx = -dU \quad \therefore \quad F = -\frac{dU}{dx} \tag{2.28}$$

という関係が成立する。

これを3次元に拡張して，$U(x, y, z)$，$F(F_x, F_y, F_z)$ と考えると，x 成分に対しては

$$F_x = -\frac{U(x+dx, y, z) - U(x, y, z)}{dx} \tag{2.29}$$

2.4 ポテンシャル

となる。これは，y, z は不変で x に対する変化を考えているので，

$$F_x = -\frac{\partial U}{\partial x} \tag{2.30}$$

と書く。$\frac{\partial U}{\partial x}$ は，「U を x で偏微分する」という（p.187 の付録参照）。このように考え，すべての成分についてあらためて書くと，

$$F_x = -\frac{\partial U}{\partial x}, \qquad F_y = -\frac{\partial U}{\partial y}, \qquad F_z = -\frac{\partial U}{\partial z} \tag{2.31}$$

となる。このように書ける U が存在するとき，この U のことをポテンシャルという。この式の意味は，簡潔に述べれば，

> ある方向の力は，その方向への単位変位あたりのポテンシャル減少率に等しい

ということになる。簡単な例として重力 mg で考えると，

> 重力 mg は，鉛直下方へ1m下降したときのポテンシャルの減少率に等しい

ということを表している。さて，(2.31)式は，各成分で書かれているが，これを1つの式として，単位ベクトルを用いて，

$$\boldsymbol{F} = F_x \boldsymbol{i} + F_y \boldsymbol{j} + F_z \boldsymbol{k} \tag{2.32}$$

$$= -\left(\frac{\partial U}{\partial x}\boldsymbol{i} + \frac{\partial U}{\partial y}\boldsymbol{j} + \frac{\partial U}{\partial z}\boldsymbol{k}\right) \tag{2.33}$$

と書ける。この式は，簡潔に

$$\boldsymbol{F} = -\frac{\partial U}{\partial \boldsymbol{r}} \tag{2.34}$$

または，

2 運動の法則とその応用

$$F = -\operatorname{grad} U, \quad F = -\nabla U \tag{2.35}$$

と書くこともある。このとき，∇は**ベクトル演算子**とよばれ，

$$\nabla = \frac{\partial}{\partial x}\boldsymbol{i} + \frac{\partial}{\partial y}\boldsymbol{j} + \frac{\partial}{\partial z}\boldsymbol{k} \tag{2.36}$$

と定義される。便利な演算子であるから，ぜひ活用して欲しい。

B エネルギーについて

(2.23) 式を，図 2.19 のように x 軸上で考えてみよう。運動方程式を積分して得られる式は，

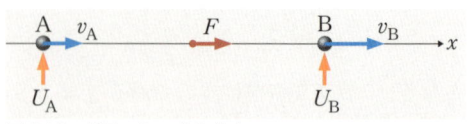

図 2.19　ポテンシャルと外力

$$\frac{1}{2}mv_B{}^2 - \frac{1}{2}mv_A{}^2 = W_{AB} \tag{2.37}$$

となる。ここで，質点に働く力が保存力のみの場合はポテンシャルが定義できて，点Aのポテンシャルを U_A，点Bのポテンシャルを U_B とすると，(2.27)式にならって，

$$W_{AB} = U_A - U_B \tag{2.38}$$

となる。(2.37), (2.38) 式より，

$$\frac{1}{2}mv_B{}^2 - \frac{1}{2}mv_A{}^2 = U_A - U_B \tag{2.39}$$

となる。この式を書き直して，

$$\frac{1}{2}mv_B{}^2 + U_B = \frac{1}{2}mv_A{}^2 + U_A \tag{2.40}$$

となる。これは，

> 点Bにおける運動エネルギーとポテンシャルの和が
> 点Aにおける運動エネルギーとポテンシャルの和と等しい
>
> $$\underbrace{\frac{1}{2}mv_B{}^2 + U_B}_{\text{点B}} = \underbrace{\frac{1}{2}mv_A{}^2 + U_A}_{\text{点A}}$$

2.4 ポテンシャル

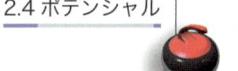

ということを表しているが，このような表現では，ポテンシャルを位置エネルギーとよぶことが多い．運動エネルギーと位置エネルギーの和

$$E = \frac{1}{2}mv^2 + U = K + U$$

を**力学的エネルギー**とよび，上記のように各点の力学的エネルギーが等しくなることを，**力学的エネルギー保存則**とよぶ．

では，保存力以外の力が，質点に働いた場合にはどうなるのかを考えてみる．エネルギーと仕事の関係から，保存力以外の力のした仕事を W とすると，力学的エネルギーが変化するのは，この仕事 W が原因であるから，その因果関係より，

$$\left(\frac{1}{2}mv_B{}^2 + U_B\right) - \left(\frac{1}{2}mv_A{}^2 + U_A\right) = W \tag{2.41}$$

となる．左辺第 1 項を E_B，第 2 項を E_A とすると式 (2.41) より，

$$E_B - E_A = W \qquad \therefore E_B = E_A + W \tag{2.42}$$

となり，この式の意味は，次のとおりである．

> 点Aでの力学的エネルギー E_A に，保存力以外の力による仕事 W が加わったため，点Bでの力学的エネルギーは $E_B = E_A + W$ となった

エネルギーについて COLUMN ★

　エネルギーとは，簡単にいえば，「仕事をする能力」のことである．仕事は質点の移動など，実際にしなければ評価されないが，エネルギーはこれとは異なる．

　位置エネルギーは，運動形態によらずその位置で決まるものである．たとえば，重力による位置エネルギーは，基準となる点より鉛直上方に h だけ高い位置にあるときは，「mgh の位置エネルギーをもっている」という．これは，いつてみれば mgh の大きさの落下能力をもっているという意味で，実際に落下しているわけではない．実は，ポテンシャルとは，日常的には『潜在能力』的な意味合いで用いられる言葉である．すなわち，潜在的に，落下能力をもっていることを表す用語なのである．

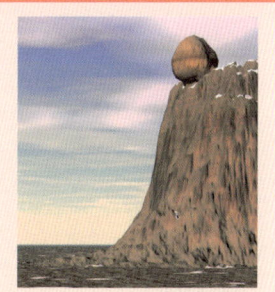

例題2-4　ポテンシャル

以下のポテンシャルを，基準を適切な位置に決めて求めなさい。
(1) 重力によるポテンシャル
(2) 弾性力によるポテンシャル

● 解答

(1) 右図のように座標軸を決めると，質点にかかる力の成分は

$$F_x = 0, \quad F_y = 0, \quad F_z = -mg$$

であるから (2.31) 式より

$$0 = -\frac{\partial U}{\partial x}, \quad 0 = -\frac{\partial U}{\partial y}, \quad -mg = -\frac{\partial U}{\partial z}$$

$$\therefore \quad U = mgz + C \quad (C：積分定数)$$

$z=0$ のとき $U=0$ とすると $C=0$

よって，重力によるポテンシャルは次のとおり求まる。　$U = mgz$

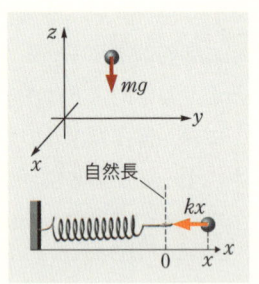

(2) ばねの弾性係数を k とすると $F_x = -kx$ なので $-kx = -\dfrac{dU}{dx}$ （4.1節参照）
この式を積分すると

$$U = \frac{1}{2}kx^2 + C \quad (C：積分定数)$$

自然長の位置 ($x = 0$) で $U=0$ とすると $C=0$

よって，弾性力によるポテンシャルは次のとおり求まる。　$U = \dfrac{1}{2}kx^2$

例題2-5　エネルギーと仕事

水平面とのなす角が θ の粗い斜面を，質量 m の質点が滑り降りる現象を考える。図のように斜面上の任意の点をA，Bと決め，その距離は s である。点Aでの速さを v_A，点Bでの速さを v_B とし，質点が滑り降りるときに質点に働く動摩擦力の大きさを f（一定）とする。重力加速度の大きさを g として，以下の問いに答えなさい。

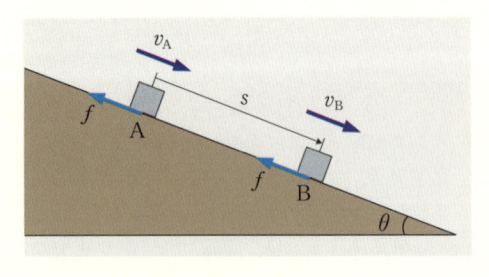

(1) 斜面に沿って下向きの加速度を a として，質点の運動方程式を立てなさい。
(2) (1)の結果より，AB間における運動エネルギーと仕事の関係式を導きなさい。
(3) (2)の結果を力学的エネルギーの変化と，保存力以外の力による仕事の関係に書き直し説明しなさい。
(4) 一般に，摩擦による仕事は，熱エネルギーに変換される。(2)の式をエネルギー保存則の式に書き直し説明しなさい。
　　　　　　　　　　　　　　　　　　　　　　　　　　　（摩擦については第6章参照）

2.4 ポテンシャル

● 解答

(1)

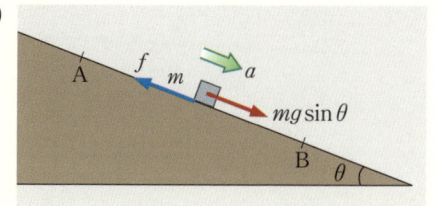

図より，斜面に沿った方向に運動方程式を立てると次のとおりである．

$ma = mg\sin\theta - f$

(2) (1) より

$m\dfrac{dv}{dt} = mg\sin\theta - f$

この式の両辺に ds をかけると次のようになる．

$m\dfrac{dv}{dt}ds = mg\sin\theta\,ds - f\,ds$

ここで $ds = v\,dt$ であるから $m\dfrac{dv}{dt}v\,dt = mg\sin\theta\,ds - f\,ds$

この式を積分すると，次のように関係式を得ることができる．

$m\displaystyle\int_{v_A}^{v_B} v\,dv = mg\sin\theta\, s - fs$

$\therefore\ \dfrac{1}{2}mv_B{}^2 - \dfrac{1}{2}mv_A{}^2 = mg\sin\theta\, s - fs$

(3) (2)の関係式において移項を行うと次式が得られる．

$\dfrac{1}{2}mv_B{}^2 - \left(\dfrac{1}{2}mv_A{}^2 + mgs\sin\theta\right) = -fs$

この式は，「力学的エネルギーの変化は，摩擦による仕事のために生じた」ということを示す．

(4) $\dfrac{1}{2}mv_A{}^2 + mgs\sin\theta = \dfrac{1}{2}mv_B{}^2 + fs$

この式は，「点 A でもっていた運動エネルギーと位置エネルギーは，点 B での運動エネルギーと，AB 間での摩擦による熱エネルギーとなった」ということを示す．

例題 2-6　保存力とポテンシャル

xy 平面内で質点が以下の成分をもつ力 F を受けて運動している。

$$F_x = Axy, \quad F_y = \frac{A}{2}x^2$$

(1) 力 F が保存力であることを示しなさい。
(2) 力 F によるポテンシャルを求めなさい。ただし、原点でのポテンシャルを $U = 0$ とする。

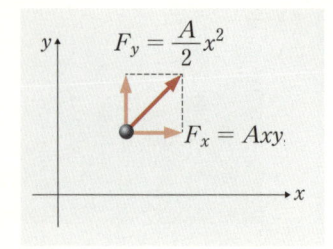

● 解答

(1) F が保存力であれば、$F_x = -\dfrac{\partial U}{\partial x}$, $F_y = -\dfrac{\partial U}{\partial y}$ という U が存在する。

これより $\dfrac{\partial F_x}{\partial y} = -\dfrac{\partial^2 U}{\partial x \partial y}$, $\dfrac{\partial F_y}{\partial x} = -\dfrac{\partial^2 U}{\partial x \partial y}$

なので $\boxed{\dfrac{\partial F_x}{\partial y} = \dfrac{\partial F_y}{\partial x} \text{ であれば保存力である}}$

$\dfrac{\partial F_x}{\partial y} = Ax$, $\dfrac{\partial F_y}{\partial x} = Ax$ であるから F は保存力である。

(2) $F_x = -\dfrac{\partial U}{\partial x}$ より $U = -\dfrac{1}{2}Ax^2y + f(y)$ （f:y の任意の関数）

また $F_y = -\dfrac{\partial U}{\partial y}$ より $\dfrac{A}{2}x^2 = \dfrac{A}{2}x^2 - \dfrac{\partial f(y)}{\partial y}$ ∴ $\dfrac{\partial f(y)}{\partial y} = 0$

∴ $f(y) = C$ （一定） ∴ $U = -\dfrac{1}{2}Ax^2y + C$

$x = 0$, $y = 0$ のとき、$U = 0$ であるから $C = 0$

∴ $U = -\dfrac{1}{2}Ax^2y$

例題 2-7　単振動の力学的エネルギー保存

なめらかな水平面上に一端を固定したバネ定数 k のばねの他端に、質量 m の質点が取り付けられている。

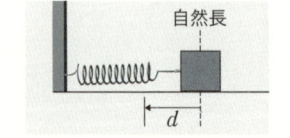

(1) 自然長から距離 d だけバネを縮めるのに要する仕事を求めなさい。
(2) (1) のとき、蓄えられた弾性エネルギーを求めなさい。
(3) 静かに手を放したとき、質点がふたたび自然長を通過するときの速さを求めなさい。
(4) ばねが $d/2$ だけ伸びた位置での質点の速さを求めなさい。

●解答

(1) (2.20) 式より次式のように仕事が求まる。　　$W = \int_0^d kx \cdot dx = \frac{1}{2}kd^2$

(2) (1) の結果として，弾性エネルギーが蓄えられるので　　$U = W = \frac{1}{2}kd^2$

(3) 題意は蓄えられたエネルギーがすべて運動エネルギーとして使われたときのことなので，エネルギー保存則より，次のとおり速さが求まる。

$$\frac{1}{2}kd^2 = \frac{1}{2}mv^2 \quad \therefore \quad v = d\sqrt{\frac{k}{m}}$$

(4) 蓄えられたエネルギーは，$d/2$ 縮んでいるばねの弾性エネルギーと，運動エネルギーに使われたので，エネルギー保存則より

$$\frac{1}{2}kd^2 = \frac{1}{2}mv'^2 + \frac{1}{2}k\left(\frac{d}{2}\right)^2 \quad \therefore \quad v' = \frac{d}{2}\sqrt{\frac{3k}{m}}$$

●例題2-8　摩擦とエネルギー

粗い斜面上の点 A から質量 m の質点を初速度 v_0 で斜面下方に向けて打ち出した。重力加速度を g，動摩擦係数を μ として以下の問いに答えなさい。

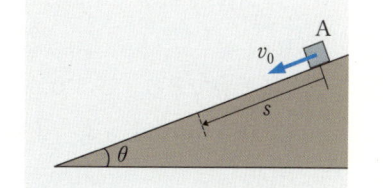

(1) 質点が斜面に沿って距離 s 下降するまでに，動摩擦力がする仕事を求めなさい。
(2) (1) のとき重力のする仕事を求めなさい。
(3) (1) のとき質点に働く垂直抗力がする仕事を求めなさい。
(4) 斜面に沿って距離 s だけ移動したときの質点の速さを求めなさい。

●解答

(1) $W_f = -\mu N \cdot s = -\mu mg \cos\theta \cdot s$　　（N：垂直抗力）

(2) $W_g = mg\sin\theta \cdot s$

(3) 進行方向と垂直なので　$W_N = 0$

(4) エネルギーと仕事の関係より，次のように速さが求まる。

$$\frac{1}{2}mv^2 - \frac{1}{2}mv_0^2 = W_f + W_g + W_N$$
$$= mg(\sin\theta - \mu\cos\theta)s$$
$$\therefore \quad v = \sqrt{v_0^2 + 2g(\sin\theta - \mu\cos\theta)s}$$

2.5 力積と運動量

A 運動方程式との関係

図 2.20 のように，質量 m の質点が，力 F を受けて，空間内を加速度 a で運動しているときの運動方程式は，

$$ma = F \tag{2.43}$$

となる。このとき，加速度の定義から

$$a = \frac{dv}{dt} \tag{2.44}$$

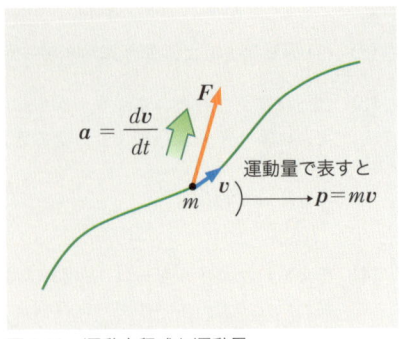

図 2.20 運動方程式と運動量

であるから，これを，(2.43) 式に代入して，

$$\frac{d}{dt}(mv) = F \tag{2.45}$$

と書くことができる。ここで，mv，すなわち，質量と速度の積は**運動量**とよばれる。ここで，$p = mv$ とおくと，(2.45) 式は，

$$\frac{dp}{dt} = F \tag{2.46}$$

となる。ニュートンが最初に運動方程式を提唱したのは，実はこの形である。この式の意味は，

> 単位時間あたりの運動量の変化が質点に働く力に等しい

である。
　さらに，(2.46) 式を書き換えて，

$$dp = Fdt \tag{2.47}$$

と書くとき，右辺の Fdt は**力積**とよばれ，質点に力 F が微小時間 dt だけ働いたことを示す。左辺は，運動量の微小変化を表している。この式を積分すると，

2.5 力積と運動量

$$\int_{p_A}^{p_B} dp = \int_{t_A}^{t_B} F dt \quad \therefore \quad p_B - p_A = \int_{t_A}^{t_B} F dt \tag{2.48}$$

となる。この式は，図 2.21 に示すように，時刻 t_A に点 A で運動量 p_A をもつ質点が，力 F を受けて運動し，時刻 t_B に点 B での運動量が p_B になったことを表す式であり，このことより，

> 運動量の変化は，変化の間に受けた力積の総和に等しい

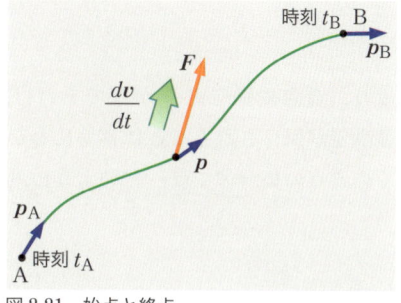

図 2.21 始点と終点

という意味をもつ。この (2.48) 式を (2.23) 式と比較してみると，

(2.23)式　$\dfrac{1}{2}mv_B^2 - \dfrac{1}{2}mv_A^2 = \int F dr$

(2.48)式　$p_A - p_B = \int F dt$

となり，それぞれ，

> (2.23)式：運動エネルギーの変化は，仕事が原因である
> (2.48)式：運動量の変化は，力積が原因である

を示しており，それぞれの導出過程からもわかるように，運動方程式の**距離積分**と**時間積分**の関係になっている。

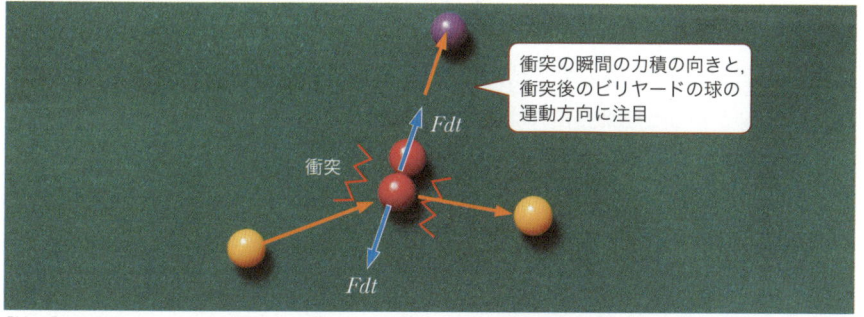

[補足] この図は 2 つの球が衝突した瞬間の，力積の向きと運動方向の変化を示したものである。なお，衝突したのはオレンジの球と紫の球であり，衝突の瞬間を赤色で強調している。

B 運動量保存則

運動方程式((2.46)式)

$$\frac{d\boldsymbol{p}}{dt} = \boldsymbol{F}$$

より，質点に働く力 F が 0 であれば，この式から当然，運動量 p は一定であり，運動量が保存されることは容易にわかる。しかし，質点は 1 つとはかぎらない。多くの質点の集合体では，どのように考えればよいかをくわしく考える。

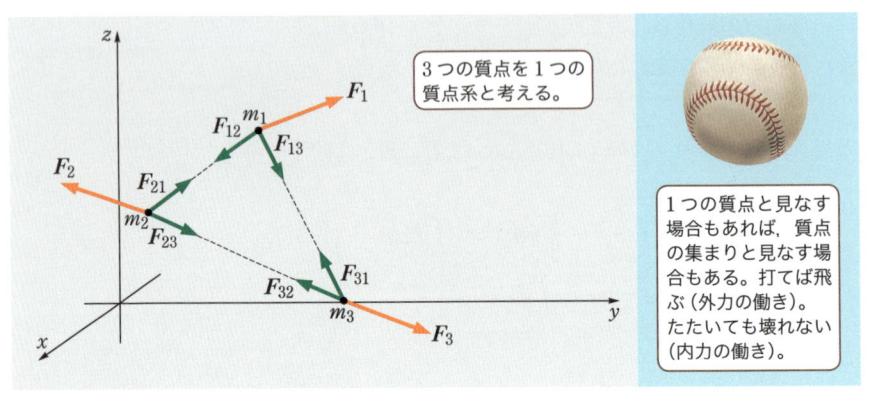

図 2.22 質点系

多くの質点の集合体（このことを **質点系** とよぶ）を考える。たとえば，1 つの野球ボールでも，多くの質点の集まりと考えることができ，そこには，質点どうしに働く力もあれば，外力が働いて運動する場合もある。話を簡単にするために，例として 3 つの質点（質点 1，質点 2，質点 3）を 1 つの質点系と考え，それらの質点に働く力を考えよう。それぞれの質量を m_1, m_2, m_3 とし，図 2.22 のように，質点どうしに働く力を，それぞれ，F_{12}, F_{21}, F_{13}, F_{31}, F_{23}, F_{32} とする。また，それぞれの質点に働く外力を，F_1, F_2, F_3 とする。さらに，それぞれの運動量を p_1, p_2, p_3 とすると運動方程式は質点個々に対して，

$$\frac{d\boldsymbol{p}_1}{dt} = \boldsymbol{F}_1 + \boldsymbol{F}_{12} + \boldsymbol{F}_{13} \tag{2.49}$$

$$\frac{d\boldsymbol{p}_2}{dt} = \boldsymbol{F}_2 + \boldsymbol{F}_{21} + \boldsymbol{F}_{23} \tag{2.50}$$

$$\frac{d\boldsymbol{p}_3}{dt} = \boldsymbol{F}_3 + \boldsymbol{F}_{31} + \boldsymbol{F}_{32} \tag{2.51}$$

ここで，質点系全体を考えるために，3式の和をとることを考える。このとき，作用・反作用の法則より，

$$\boldsymbol{F}_{12} = -\boldsymbol{F}_{21}, \qquad \boldsymbol{F}_{23} = -\boldsymbol{F}_{32}, \qquad \boldsymbol{F}_{31} = -\boldsymbol{F}_{13} \tag{2.52}$$

であるから，運動方程式の和は，

$$\frac{d}{dt}(\boldsymbol{p}_1 + \boldsymbol{p}_2 + \boldsymbol{p}_3) = \boldsymbol{F}_1 + \boldsymbol{F}_2 + \boldsymbol{F}_3 \tag{2.53}$$

となり，右辺には外力のみ残ることになる。このように，運動方程式の和をとるとき，作用・反作用の法則によって消去される力のことを，外力に対して，その系の**内力**とよぶ。

ここまでは，質点が3つの質点系を考えてきたが，一般的に n 個に拡張して考えよう。当然，式(2.53)は，

$$\frac{d}{dt}(\boldsymbol{p}_1 + \boldsymbol{p}_2 + \boldsymbol{p}_3 + \cdots + \boldsymbol{p}_n) = \boldsymbol{F}_1 + \boldsymbol{F}_2 + \boldsymbol{F}_3 + \cdots + \boldsymbol{F}_n \tag{2.54}$$

となる。Σ 記号を用いて表すと，

$$\frac{d}{dt}\Sigma \boldsymbol{p}_i = \Sigma \boldsymbol{F}_i \tag{2.55}$$

この式の意味は，

> この質点系の全運動量の変化は，外力の総和によってもたらされる

ということになる。したがって，

> 外力がない場合には，たとえ内力が働いていても全運動量は変化しない

ことになり，まさにこれが**運動量保存則**を表していることになる。

例題2-9　力積と運動量保存則

以下の問いに答えなさい。
(1) 2球の正面衝突において，運動量が保存することを示しなさい。
(2) なめらかな床面上に，質量 M の長い板が置かれている。この板の上を質量 m の人が歩くことを考える。人の歩く速度が v となったとき，板の速度を求めなさい。ただし，最初は，板も人も静止していたものとする。また，このとき板の受けた力積 i はいくらか。v の向きを正として答えなさい。

● 解答

(1) 衝突した瞬間は，たがいに逆向き同じ大きさの力が働く。この力の大きさを F とすると，

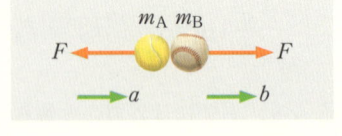

運動方程式は，$\dfrac{dp_A}{dt} = -F$, $\dfrac{dp_B}{dt} = F$

和をとると，$\dfrac{d}{dt}(p_A + p_B) = 0$　　よって運動量は保存する。

(2) 力の関係が(1)と同じなので運動量が保存する。最初は運動量が0なので，板の速度を V とすると，

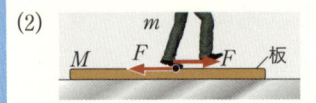

$\therefore\ 0 = mv + MV$　　$\therefore\ V = -\dfrac{m}{M}v$

板が受けた力積 i は，MV に等しい。よって
$i = MV = -mv$

例題2-10　斜衝突（ビリヤード）

右図に示すように，なめらかな水平面上に同質量の2質点A，Bがある。Bは静止しており，左側からAが，速度 v_0 で衝突した。衝突後A，Bはそれぞれ，図のように，なす角 α，β で，速度 v，V で運動した。以下の問いに答えなさい。ただし，衝突は弾性衝突であり，衝突の前後で運動エネルギーは不変であるとする。
(1) 図の $\alpha + \beta$ を求めなさい。
(2) v，V を v_0 と β のみを用いて表しなさい。また，v/V を β を用いて表しなさい。

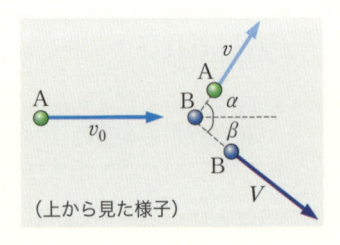

● 解答

(1) 運動量保存則より　質点の質量を m として　　$mv_0 = mv + mV$　　$\therefore\ v_0 = v + V$
これを，図で表すと，

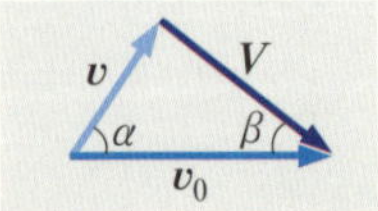

50

また，運動エネルギーが不変であることにより

$$\frac{1}{2}mv_0^2 = \frac{1}{2}mv^2 + \frac{1}{2}mV^2 \quad \therefore \quad v_0^2 = v^2 + V^2$$

この式は，上記の三角形が，v_0 を斜辺とする直角三角形であることを示している。

$$\therefore \quad \alpha + \beta = 90°$$

(2) (1) より　　$v = v_0 \sin\beta, \quad V = v_0 \cos\beta$

また　$\dfrac{v}{V} = \dfrac{v_0 \sin\beta}{v_0 \cos\beta} = \tan\beta$

例題 2-11　完全非弾性衝突

質量 m と質量 M の質点が正面衝突をする。このときの衝突が完全非弾性衝突で，衝突後2物体は一体となった。最初，質量 m の質点の速度を v とし，質量 M の質点は静止していたものとして以下の問いに答えなさい。
(1) 衝突後の速度を求めなさい。
(2) 質量 M の質点が受けた力積の大きさを求めなさい。
(3) 質量 m の質点が受けた力積の大きさを求めなさい。
(4) 衝突で失われた力学的エネルギーを求めなさい。

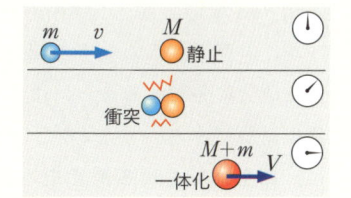

● 解答

(1) 衝突の前後での運動量保存則より　$mv = (m+M)V \quad \therefore \quad V = \dfrac{m}{m+M}v$

(2) 質量 M の質点が受けた力積 i_M の大きさは，衝突後の運動量の大きさと同じなので，次のようになる。

$$i_M = MV = \frac{Mm}{m+M}v$$

(3) (2) と同じだから　$i_m = MV = \dfrac{Mm}{m+M}v$

> ※運動量と力積の関係より
> $$i = mV - mv = -\frac{Mm}{m+M}v \quad \therefore \quad i_m = |i_m| = \frac{Mm}{m+M}v$$

(4) 衝突後に質点がもっている運動エネルギーから衝突前に質点がもっていた運動エネルギーをひけばよい。

$$\frac{1}{2}(m+M)V^2 - \frac{1}{2}mv^2 = \frac{1}{2}(m+M)\left(\frac{m}{m+M}v\right)^2 - \frac{1}{2}mv^2$$

$$= -\frac{mMv^2}{2(m+M)}$$

したがって，減少分は　$\dfrac{mMv^2}{2(m+M)}$

2.6 力のモーメント

変形しない，質量の無視できる長さ x の棒の一端を支点として，棒の他端に力 F を図 2.23 のように加えたとき，

$$N = xF \tag{2.56}$$

を**力のモーメント**という。力のモーメントは，**回転能率**ともよばれ，回転させようとする働きを表す。すなわち，力 F，腕の長さ x で，支点を中心に棒を反時計回りに回転させる働きが N である。小学校の理科では**てこの原理**として学ぶ事項に関係している。

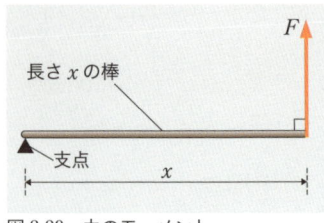

図 2.23 力のモーメント

次に，図 2.24 のような場合を考える。この場合，力 F を棒に垂直な成分と平行な成分に分解することによって容易に計算できる。すなわち，$F\cos\theta$ は，棒を回転させる働きをもたず，$F\sin\theta$ が，腕の長さ x で回転させようとしているので，

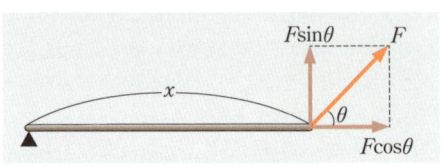

$$N = xF\sin\theta$$

となる。また，この場合，力 F を作用線上で移動させて図 2.25 のように，力 F に垂直な棒の長さの成分が $x\sin\theta$ であると考えて

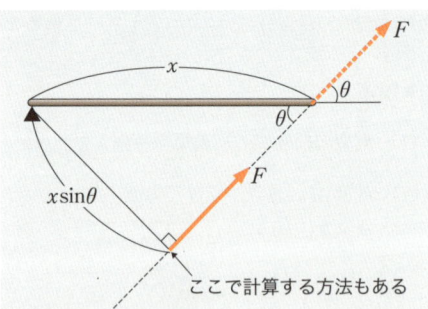

$$N = (x\sin\theta)F$$

図 2.24 力のモーメントと力の分解

図 2.25 腕の長さの分解

としてもよい。さらに，図 2.26 のような場合には，それぞれの成分に分けて，

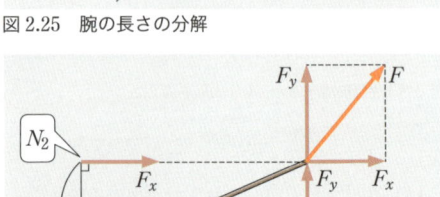

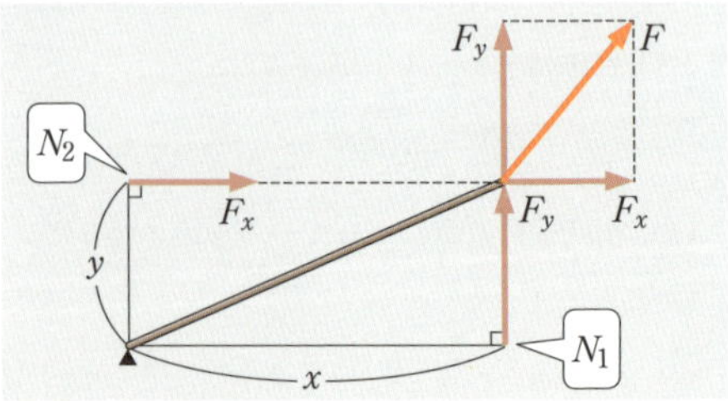

$$\begin{cases} 反時計回りの力のモーメント \\ \quad N_1 = xF_y \\ 時計回りの力のモーメント \\ \quad N_2 = yF_x \end{cases}$$

図 2.26 xy 面での力のモーメント

と表されるので，反時計回りの力のモーメントを正として，次式のようになる。

$$N = N_1 - N_2 = xF_y - yF_x \tag{2.57}$$

例題2-12　力のモーメントのつり合い

粗い水平面上に一端を置き，くぎPに立てかけてある長さ$2l$で，質量が未知の棒がある。このとき，棒と水平面のなす角はθであり，水平面からくぎまでの距離はdであった。棒と床面との間に働いている摩擦力の大きさをf，床から棒に働いている垂直抗力をNとするとき，f/Nを求めなさい。

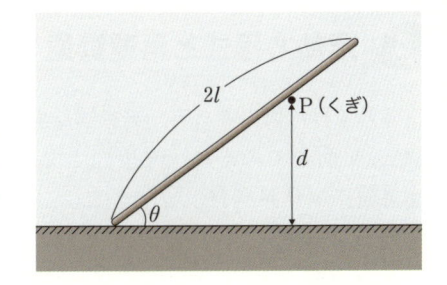

● 解答

図のように，棒について，くぎPからの垂直抗力をN'，重力をmgとする。鉛直方向の力のつり合いより，

$$N + N'\cos\theta = mg \qquad ①$$

一方，水平方向の力のつり合いより，

$$N'\sin\theta = f \qquad ②$$

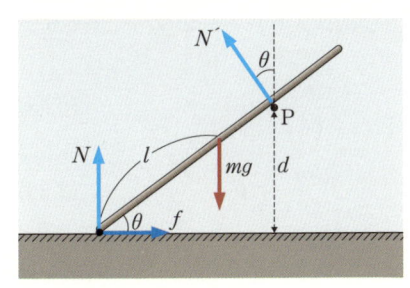

また，床との接点を支点とする力のモーメントのつり合いの式は，

$$lmg\cos\theta = \frac{d}{\sin\theta}N' \qquad ③$$

①，②より

$$\frac{f}{N} = \frac{N'\sin\theta}{mg - N'\cos\theta} \qquad ④$$

③より$N' = \dfrac{l}{d}mg\cos\theta\sin\theta$　であるから，これを④式に代入すると，次のようにf/Nが求まる。

$$\frac{f}{N} = \frac{\dfrac{l}{d}mg\cos\theta\sin^2\theta}{mg - \dfrac{l}{d}mg\cos^2\theta\sin\theta} = \frac{l\cos\theta\sin^2\theta}{d - l\cos^2\theta\sin\theta}$$

2.7 角運動量

A 運動方程式と角運動量

ここでは，簡単のため，まずはじめに xy 平面上で考える。xy 平面上で，ある質点が力 $\bm{F} = (F_x, F_y)$ を受けて，運動量 $\bm{p} = (p_x, p_y)$ で運動しているとする（図 2.27）。このときの運動方程式は，それぞれの成分に対して，

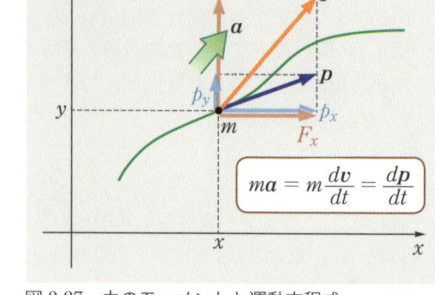

$$\frac{dp_x}{dt} = F_x \tag{2.58}$$

$$\frac{dp_y}{dt} = F_y \tag{2.59}$$

図 2.27 力のモーメントと運動方程式

である。ここで，(2.57) 式の右辺と同様の式を作ることで力のモーメントと運動方程式を融合してみよう。このようにするためには，(2.59) 式の x 倍から (2.58) 式の y 倍を引けばよい。すなわち，

$$x\frac{dp_y}{dt} - y\frac{dp_x}{dt} = xF_y - yF_x \tag{2.60}$$

となる。さらに，

$$\frac{dx}{dt}p_y - \frac{dy}{dt}p_x = v_x m v_y - v_y m v_x = 0 \tag{2.61}$$

であることに注意すると，(2.60) 式は，

$$\frac{d}{dt}(xp_y - yp_x) = xF_y - yF_x \tag{2.62}$$

と変形できる。この式の右辺は原点を支点とした力のモーメントであるが，左辺の（ ）内は，同様に考えると，原点を支点とした運動量のモーメントと考えることができる。この運動量のモーメントのことを**角運動量**とよび，一般に，xy 平面では，

$$L = xp_y - yp_x \tag{2.63}$$

54

と書ける．したがって，角運動量 L と力のモーメント N の関係は，運動方程式から，

$$\frac{dL}{dt} = N \tag{2.64}$$

という関係式が成立する．これは，

> 角運動量の変化は，力のモーメントによってもたらされる

という，因果関係を表す式になっている．

B　3次元への拡張

2.6節と前項 A の内容を3次元空間にまで広げて考えてみよう（図2.28）。力のモーメントは，xy 平面上で考えたときには，z 軸を回転軸とするので，(2.57) 式を

$$N_z = xF_y - yF_x \tag{2.65}$$

と書き直す．同様に，yz 平面（x 軸が回転軸），zx 平面（y 軸が回転軸）を考えると，

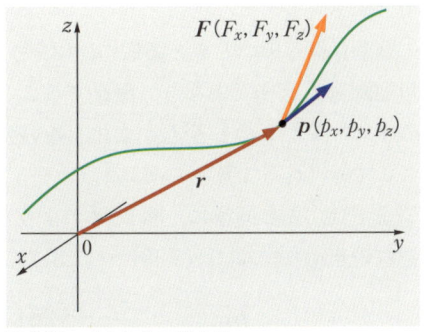

図 2.28　ベクトルで考える

$$N_x = yF_z - zF_y \tag{2.66}$$
$$N_y = zF_x - xF_z \tag{2.67}$$

となる．このとき，(2.63) 式も同様の考え方で書き直すと，

$$L_z = xp_y - yp_x \tag{2.68}$$

となり，x，y 成分についても先と同様に，次式のようになる．

$$L_x = yp_z - zp_y \tag{2.69}$$
$$L_y = zp_x - xp_z \tag{2.70}$$

以上の考え方より，ベクトルの外積（ベクトル積）を用いると，(2.65)～(2.67) 式は，

$$N = r \times F$$

また，(2.68)～(2.70) 式は，

$$L = r \times p$$

と表すことができる（図 2.29）。したがって，(2.64) 式は，次のように書ける。

$$\frac{dL}{dt} = N \tag{2.71}$$

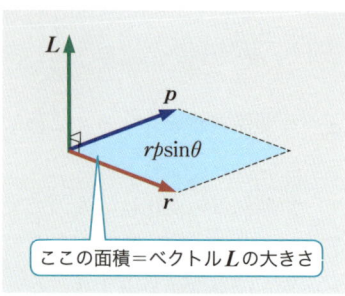

図 2.29　ベクトルの外積
（外積については p.187 付録参照）

C　角運動量保存則

運動量保存則のときと同様に，(2.71) 式より，力のモーメント N が 0 であれば，角運動量 L は一定となり，保存することがわかる。L を変化させる原因が N であるから，N が 0 のとき L が変化しないのは当然である。より深く学習するために，ここでも質点系で考えてみよう。

まずは，先と同様に，図 2.22 のような 3 つの質点をもつ質点系で考える。それぞれの運動方程式は，(2.49)～(2.51) 式より，次のようになる。

$$(2.49) \quad \frac{dp_1}{dt} = F_1 + F_{12} + F_{13}$$

$$(2.50) \quad \frac{dp_2}{dt} = F_2 + F_{21} + F_{23}$$

$$(2.51) \quad \frac{dp_3}{dt} = F_3 + F_{31} + F_{32}$$

それぞれの質点の位置ベクトルを r_1, r_2, r_3 とすると，上記の式との外積を考えて，

$$r_1 \times \frac{dp_1}{dt} = r_1 \times F_1 + r_1 \times F_{12} + r_1 \times F_{13} \tag{2.72}$$

$$r_2 \times \frac{dp_2}{dt} = r_2 \times F_2 + r_2 \times F_{21} + r_2 \times F_{23} \tag{2.73}$$

$$r_3 \times \frac{dp_3}{dt} = r_3 \times F_3 + r_3 \times F_{31} + r_1 \times F_{32} \tag{2.74}$$

2.7 角運動量

ここで，3式の和をとることを考える。このとき，外積の性質より，同じベクトルどうしの外積は0であるから，次式のようになる。

$$\frac{d\boldsymbol{r}_1}{dt} \times \boldsymbol{p}_1 = \boldsymbol{v}_1 \times m_1 \boldsymbol{v}_1 = 0 \tag{2.75}$$

$$\frac{d\boldsymbol{r}_2}{dt} \times \boldsymbol{p}_2 = \boldsymbol{v}_2 \times m_2 \boldsymbol{v}_2 = 0 \tag{2.76}$$

$$\frac{d\boldsymbol{r}_3}{dt} \times \boldsymbol{p}_3 = \boldsymbol{v}_3 \times m_3 \boldsymbol{v}_3 = 0 \tag{2.77}$$

また，作用・反作用の法則，および平行ベクトルの外積が0であることより，

$$\boldsymbol{r}_1 \times \boldsymbol{F}_{12} + \boldsymbol{r}_2 \times \boldsymbol{F}_{21} = \boldsymbol{r}_1 \times \boldsymbol{F}_{12} - \boldsymbol{r}_2 \times \boldsymbol{F}_{12} = (\boldsymbol{r}_1 - \boldsymbol{r}_2) \times \boldsymbol{F}_{12} = 0 \tag{2.78}$$

$$\boldsymbol{r}_2 \times \boldsymbol{F}_{23} + \boldsymbol{r}_3 \times \boldsymbol{F}_{32} = \boldsymbol{r}_2 \times \boldsymbol{F}_{23} - \boldsymbol{r}_2 \times \boldsymbol{F}_{23} = (\boldsymbol{r}_2 - \boldsymbol{r}_3) \times \boldsymbol{F}_{23} = 0 \tag{2.79}$$

$$\boldsymbol{r}_3 \times \boldsymbol{F}_{31} + \boldsymbol{r}_1 \times \boldsymbol{F}_{13} = \boldsymbol{r}_3 \times \boldsymbol{F}_{31} - \boldsymbol{r}_1 \times \boldsymbol{F}_{31} = (\boldsymbol{r}_3 - \boldsymbol{r}_1) \times \boldsymbol{F}_{31} = 0 \tag{2.80}$$

であるから，(2.72)～(2.74)式の和は，

$$\frac{d}{dt}(\boldsymbol{r}_1 \times \boldsymbol{p}_1 + \boldsymbol{r}_2 \times \boldsymbol{p}_2 + \boldsymbol{r}_3 \times \boldsymbol{p}_3) = \boldsymbol{r}_1 \times \boldsymbol{F}_1 + \boldsymbol{r}_2 \times \boldsymbol{F}_2 + \boldsymbol{r}_3 \times \boldsymbol{F}_3 \tag{2.81}$$

となる。すなわち，ここでもやはり，内力は関与せず，質点系に働いている外力のみに依存することになる。(2.55)式と同様に，一般的に，n個の質点に拡張しΣ記号を用いて書くと，

$$\frac{d}{dt} \Sigma \boldsymbol{r}_i \times \boldsymbol{p}_i = \Sigma \boldsymbol{r}_i \times \boldsymbol{F}_i \tag{2.82}$$

ここで，この質点系の全角運動量をL，外力によるモーメントの総和をNとすると

$$\boldsymbol{L} = \Sigma \boldsymbol{r}_i \times \boldsymbol{p}_i, \qquad \boldsymbol{N} = \Sigma \boldsymbol{r}_i \times \boldsymbol{F}_i \tag{2.83}$$

となるので，(2.82)式は，(2.71)式と同様に，

$$\frac{d\boldsymbol{L}}{dt} = \boldsymbol{N} \tag{2.84}$$

と書ける。したがって，次のようにいうことができる。

> 外力によるモーメントの総和Nが0のときには，たとえ内力が働いていたとしても，質点系の角運動量Lは不変である

例題2-13 等速円運動する物体の角運動量

xy 平面で，原点を中心に質量 m の質点が半径 r の円運動をしている。時刻 $t=0$ のとき，質点は，$(x, y) = (r, 0)$ にあり，反時計回りに，角速度 ω で回転する。質点が回転しているときの，角運動量を求めなさい。

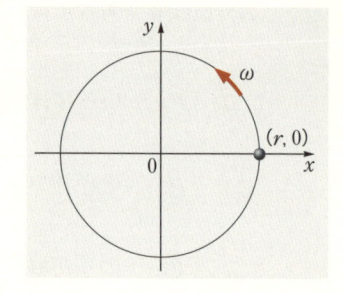

● 解答

題意より，任意の時刻 t における質点の x, y 座標はそれぞれ，

$$x(t) = r\cos\omega t, \qquad y(t) = r\sin\omega t$$

となる。ここで，x, y 軸に垂直で原点を通る軸を z 軸とするとき，この質点は，z 軸（紙面上向き）を回転軸として円運動していると考えてよいので，角運動量 $\boldsymbol{L} = (L_x, L_y, L_z)$ とすると，(2.68)～(2.70)式より

$$L_x = 0, \qquad L_y = 0, \qquad L_z = xp_y - yp_x$$

となる。ここで p_y, p_x は，運動量 $\boldsymbol{p} = (p_x, p_y)$ の成分であり，次のように求まる。

$$p_x = m\frac{dx}{dt} = -mr\omega\sin\omega t, \qquad p_y = m\frac{dy}{dt} = mr\omega\cos\omega t$$

よって，角運動量の z 方向成分 L_z は

$$L_z = xp_y - yp_x = mr^2\omega\cos^2\omega t + mr^2\omega\sin^2\omega t = mr^2\omega$$

となる。以上より，求める角運動量 $\boldsymbol{L}$ は

$$\boldsymbol{L} = (0, \ 0, \ mr^2\omega)$$

例題2-14 角運動量とモーメント

以下は，角運動量およびモーメントに対する問いである。着目している質点の質量を m として答えなさい。

(1) xyz 座標系において，質点の角運動量の各成分を L_x, L_y, L_z とする。L_x, L_y, L_z を，座標 x, y, z を用いて表すと，以下のようになることを示しなさい。

$$L_x = m\left(y\frac{dz}{dt} - z\frac{dy}{dt}\right), \qquad L_y = m\left(z\frac{dx}{dt} - x\frac{dz}{dt}\right),$$

$$L_z = m\left(x\frac{dy}{dt} - y\frac{dx}{dt}\right)$$

(2) 図に示すような単振り子を考える。振れ角を θ とするき，この質点の運動方程式から，

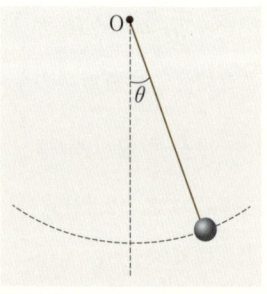

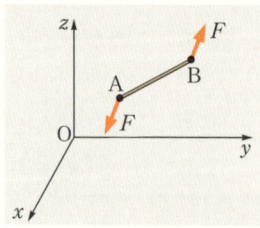

$$\frac{d^2\theta}{dt^2} = -\frac{g}{l}\sin\theta$$

となることを，点 O のまわりの角運動量に着目することで示しなさい。ただし，g は重力加速度の大きさ，l は単振り子の長さである。

(3) xyz 座標系の任意の位置に，質量の無視できる棒 AB（線分 AB と考えてよい）がある。この棒の端点 A，B に図のようにそれぞれ逆向きで大きさの等しい力 F を働かせた。このときの偶力のモーメントは，棒 AB の位置によらないことを示しなさい。ただし，偶力のモーメント N は $N = \overrightarrow{AB} \times F$ で定義される。

● 解答

(1) 原点 O についての角運動量 L は，速度を v とすると

$$L = r \times mv = mr \times v$$

で定義される。ベクトルの外積を成分で表すと

$$L_x = m(yv_z - zv_y), \quad L_y = m(zv_x - xv_z), \quad L_z = m(xv_y - yv_x)$$

ここで $v_x = \dfrac{dx}{dt}, \quad v_y = \dfrac{dy}{dt}, \quad v_z = \dfrac{dz}{dt}$ であるから

$$L_x = m\left(y\frac{dz}{dt} - z\frac{dy}{dt}\right), \quad L_y = m\left(z\frac{dx}{dt} - x\frac{dz}{dt}\right), \quad L_z = m\left(x\frac{dy}{dt} - y\frac{dx}{dt}\right)$$

となる。

(2) 質点の速さを v とすると，点 O のまわりの角運動量は $l \cdot mv$ である。
ここで，$v = l\dfrac{d\theta}{dt}$ であるから，角運動量を L とすると

$$L = l \cdot mv = ml^2 \frac{d\theta}{dt}$$

点 O のまわりの力のモーメントは $-mgl\sin\theta$ であるから

$$\frac{dL}{dt} = N \text{ より} \qquad \frac{d}{dt}\left(ml^2\frac{d\theta}{dt}\right) = -mgl\sin\theta$$

$$\therefore \ ml^2\frac{d^2\theta}{dt^2} = -mgl\sin\theta \qquad \therefore \ \frac{d^2\theta}{dt^2} = -\frac{g}{l}\sin\theta$$

(3) 原点 O のまわりの力のモーメントを考えると

$$N = \overrightarrow{OA} \times (-F) + \overrightarrow{OB} \times F = (-\overrightarrow{OA} + \overrightarrow{OB}) \times F = \overrightarrow{AB} \times F$$

となり，原点 O のとり方にはよらない。

演習問題

2-1
質量 M の気球が加速度 a で下降している。加速度 b でこの気球を上昇させるために，質量 m のおもりを捨てた。質量 m を M, a, b, および重力加速度 g を用いて表しなさい。

2-2
質量 m の n 個の物体が糸でつながれ，力 F でなめらかな水平面上を引かれている。全体が加速度運動しているとき，i 番目の糸に働く張力を求めなさい。ただし，$1<i<n$ とする。

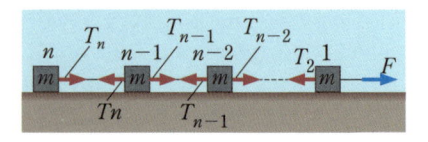

2-3
質量 m の質点に，単位時間あたり P の仕事がなされるとき，静止していた位置から距離 s だけ移動したとき物体の速さを v とする。このとき，物体の運動方程式から，
$$mv^3 = 3Ps$$
が成立することを示しなさい。ただし，P はつねに一定であるとする。

2-4
一直線上を等加速度運動する質量 m の質点がある。初速度 0 の状態から速度 v になるまでの平均の運動エネルギーを求めなさい。

2-5
力 $F(F_x, F_y, F_z)$ がポテンシャルをもつためには，
$$\frac{\partial F_x}{\partial y} = \frac{\partial F_y}{\partial x}, \quad \frac{\partial F_y}{\partial z} = \frac{\partial F_z}{\partial y}, \quad \frac{\partial F_z}{\partial x} = \frac{\partial F_x}{\partial z}$$
が成立しなくてはならない。これを証明しなさい。

2-6
以下の力がポテンシャルをもつか否かを確かめなさい。
(1) $F_x = 0, \quad F_y = mg$
(2) $F_x = 2kxy, \quad F_y = kx^2$
(3) $F_x = xy, \quad F_y = y^2$

2-7
自由落下する質量 m の質点がある。横軸に落下距離，縦軸に質点の運動量をとるとき，グラフの概形を描きなさい。

2-8
同質量の2物体が，それぞれ半径 r_1, r_2 で角速度 ω_1, ω_2 で回転運動をしている。この2物体の角運動量が等しいとき，ω_2 を r_1, r_2, ω_1 を用いて表しなさい。

3. 一様な重力による運動

MOTION IN UNIFORM GRAVITY FIELDS

イルカ

　水中から空中へジャンプするイルカ。このイルカには，水中でも空中でも同じように一様な重力が働いている。違うのは，水の抵抗力と空気の抵抗力である。

　この章では，地球表面近傍で，一様な重力が働く場の中での質点の運動を考える。最初に，空気の抵抗などを考えない，理想的な等加速度運動の場合を議論し，さらに，速度に依存する抵抗力が働く場合の運動も考える。また，放物運動では，斜面上の放物運動まで議論を深め，座標軸のとり方なども議論する。

3.1 自由落下と鉛直投げ上げ

A 等加速度運動の基礎

　一定の力 F のみを受けて運動する質点は，その運動方程式 $ma = F$ からわかるように，加速度 a が一定の値をもつ運動をする。地球表面近くでは，重力加速度がほぼ一定値と考えられるので，空気の抵抗が無視できる場合には，自由落下や鉛直投げ上げ運動は，等加速度運動と考えてよい。ここでは，まずはじめに，一定の加速度をもつ質点の速度，加速度を議論し，その後に，具体的な現象へと話を進めることとする。

　等加速度運動では，

$$a = 一定$$

であるから，速度 v は，加速度の定義から，次式のようになる。

$$v = \int a\,dt = at + C_1 \quad (C_1：積分定数) \tag{3.1}$$

ここで，時刻 $t = 0$ において，初速度を v_0 とおく（これを**初期条件**とよぶ）と，(3.1)式より，

$$v_0 = a \cdot 0 + C_1 \quad \therefore \quad C_1 = v_0$$

$$\therefore \quad v = v_0 + at \tag{3.2}$$

となる。また，変位 x は，速度の定義から，

$$x = \int v\,dt = v_0 t + \frac{1}{2}at^2 + C_2 \quad (C_2：積分定数) \tag{3.3}$$

ここで，時刻 $t = 0$ において，初期変位を x_0 とおくと，(3.3)式より，

$$x_0 = v_0 \cdot 0 + \frac{1}{2}a \cdot 0^2 + C_2 \quad \therefore \quad C_2 = x_0$$

$$\therefore \quad x = x_0 + v_0 t + \frac{1}{2}a \cdot t^2 \tag{3.4}$$

となる。このように，力が既知であれば加速度がわかり，時間積分することで，速度，変位を時間の関数として表すことができる。以上のことを1つの図の中に表すと，**図3.1**のようになる。

3.1 自由落下と鉛直投げ上げ

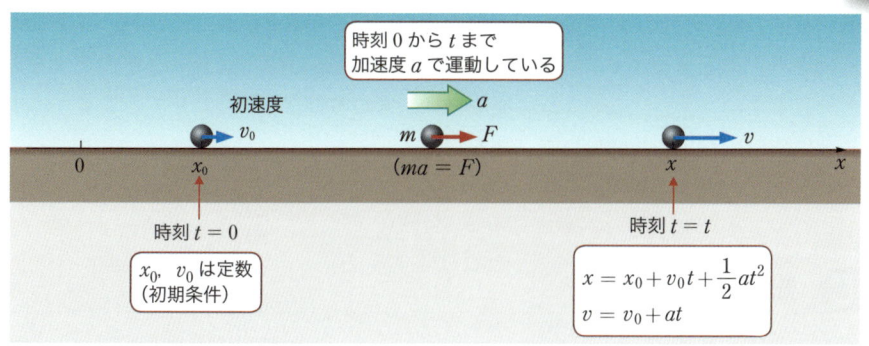

図 3.1 等加速度運動と時間の経過

B 自由落下

　等加速度運動の 1 つの例として，**自由落下**を考えてみる。自由落下とは，初速度 0 で任意の高さから質点を落下させる現象であり，空気の抵抗などは考えないものとする。**図 3.2** のように座標軸を決めると，x は質点の落下距離に等しくなる。すなわち，任意の時刻 (地面に到達する前の) t における物体の速度，変位は，重力加速度を g として (3.2)式，(3.4)式より，$v_0 = 0$, $x_0 = 0$, $a = g$ として，

$$v = gt, \qquad x = \frac{1}{2}gt^2$$

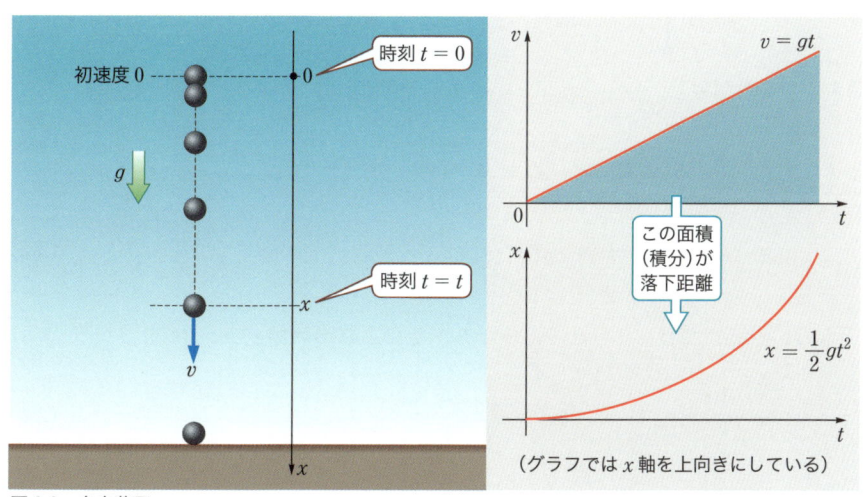

図 3.2 自由落下

3 一様な重力による運動

となる。もし，地面からの高さが必要な場合には，x 軸を鉛直上向きが正になるようにとり，地面を $x = 0$（原点）として，初期位置を初期変位 x_0，また加速度を $a = -g$ とすればよい。このように座標軸は，求める量などに合わせてとるようにすると，結果に対して考察しやすくなる。

C 鉛直投げ上げ

次に，初速度 v_0 の**鉛直投げ上げ運動**において，質点がどこまで上昇するかを考えてみる。この場合は，図 3.3 で示したような軸をとればよい。

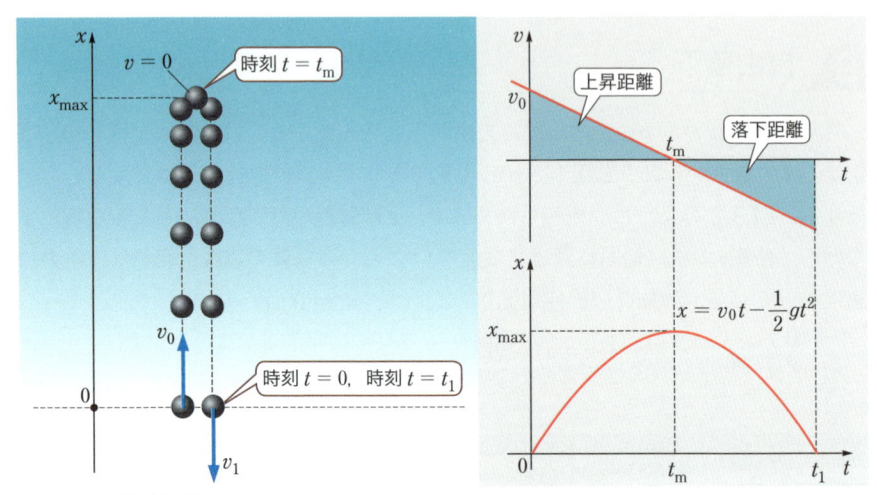

図 3.3 鉛直投げ上げ

(3.2) 式，(3.4) 式において，$x_0 = 0$，$a = -g$ として，

$$v = v_0 - gt, \qquad x = v_0 t - \frac{1}{2}gt^2 \tag{3.5}$$

となる。最高点では，$v = 0$ であるから，そのときの時刻 $t = t_\mathrm{m}$ は，

$$0 = v_0 - gt_\mathrm{m} \qquad \therefore \quad t_\mathrm{m} = \frac{v_0}{g} \tag{3.6}$$

となり，

$$x_{\max} = v_0 t_{\mathrm{m}} - \frac{1}{2} g t_{\mathrm{m}}^2 = \frac{v_0^2}{2g} \tag{3.7}$$

となる。また，落下時刻 $t = t_1$ は，$x = 0$ の条件から

$$0 = v_0 t_1 - \frac{1}{2} g t_1^2 \quad \therefore \quad t_1 = \frac{2v_0}{g} \tag{3.8}$$

となり，t_{m} の 2 倍であることがわかる。またこのときの速度は，

$$v_1 = v_0 t_1 - g t_1 = -v_0 \tag{3.9}$$

となり，運動の対称性が理解できる。

　以上のように，運動方程式を速度，変位の時間に対する**微分方程式**と考え，それを解くことで，任意の時刻の速度，変位を知ることができる。これによって，たとえば，質点が到達する最高点，落下時刻など，現象を事細かに知ることができるのである。

例題3-1　等加速度運動と x-t グラフ

ある質点が，x 軸上を運動することを考える。質点は時刻 $t = 0$ のとき，$x = 0$ にあり，初速度 v_0 で正方向に打ち出される。以後，速度 v と時刻 t の関係が右のグラフで表されるとき，変位 x と時刻 t の関係をグラフで表しなさい。

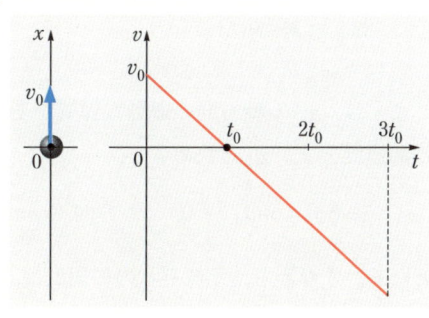

● 解答

加速度を a とすると

$$a = \frac{dv}{dt} = (v\text{-}t\, \text{グラフの傾き}) = -\frac{v_0}{t_0}$$

であり，一定値である。したがって

$$v = v_0 + at = v_0 - \frac{v_0}{t_0} t$$

$$\therefore \quad x = \int v\, dt = v_0 t - \frac{v_0}{2t_0} t^2 + C$$

（C：積分定数）

ここで題意より，$t = 0$ のとき，$x = 0$ であるから

$$C = 0 \quad \therefore \quad x = v_0 t - \frac{v_0}{2t_0} t^2$$

v-t グラフより $t = t_0$ のときが最大変位 $\frac{1}{2} v_0 t_0$ なので，v-t グラフは上図のようになる。

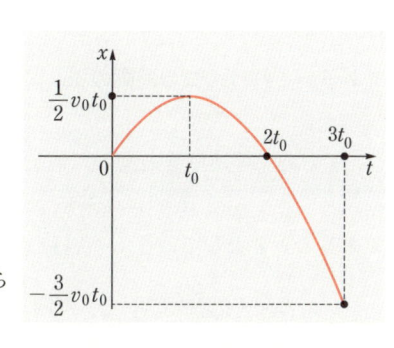

3.2 放物運動 1（斜め投げ上げ）

A 水平面上で斜めに投げ上げる

　ここでは，運動の合成を主な目的とする。地面から斜めに投げ上げられた質点は，空気の抵抗などを無視すると，**放物運動**することが知られている。放物運動とは，投げ上げられた質点が，放物線を描いて運動することをいう。これを，運動方程式から考えてみよう。投げ上げられた質点の運動は一平面内で運動するので，その平面を xy 平面とし，以下のように座標を決める。

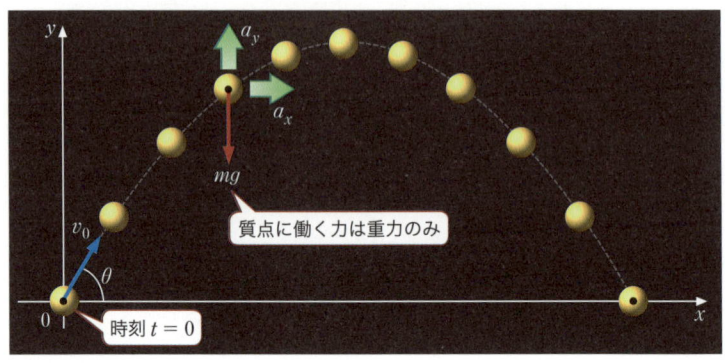

図 3.4　斜め投げ上げ

　まずは，x，y 軸方向の運動方程式をそれぞれ立てる。図 3.4 のように軸正方向に加速度を a_x，a_y と決めると，

$$x 方向: ma_x = 0, \quad y 方向: ma_y = -mg \tag{3.10}$$

となる。すなわち，それぞれの加速度は，

$$a_x = 0, \quad a_y = -g \tag{3.11}$$

である。これは，この運動の x，y 軸方向への射影運動が，それぞれ，

> x 方向：等速直線運動　　y 方向：加速度 $-g$ の等加速度運動

であることを表している。(3.11)式を t で積分して，

$$x 方向: v_x = C_{x1}, \quad y 方向: v_y = -gt + C_{y1} \tag{3.12}$$

ここで，$t=0$ のとき，$v_{x0}=v_0\cos\theta$，$v_{y0}=v_0\sin\theta$ であるから，それぞれの積分定数 C_{x1}，C_{y1} は，

$$C_{x1}=v_0\cos\theta, \qquad C_{y1}=v_0\sin\theta \tag{3.13}$$

となる。したがって，

$$v_x=v_0\cos\theta, \qquad v_y=v_0\sin\theta-gt \tag{3.14}$$

ここで，変位 x，y は (3.14) 式を t で積分して，

$$x=(v_0\cos\theta)t+C_{x2} \tag{3.15}$$

$$y=(v_0\sin\theta)t-\frac{1}{2}gt^2+C_{y2} \tag{3.16}$$

ここで，$t=0$ のとき，$x=0$，$y=0$ であるから，それぞれの積分定数 C_{x2}，C_{y2} は，

$$C_{x2}=0, \quad C_{y2}=0$$

となる。したがって，任意の時刻における変位 x，y は，

$$x=(v_0\cos\theta)t \tag{3.17}$$

$$y=(v_0\sin\theta)t-\frac{1}{2}gt^2 \tag{3.18}$$

となる。

B 放物運動を確かめる

さて，ここで，放物運動であることの証明を行ってみよう。(3.17) 式より，時刻 t を求めると，

$$t=\frac{x}{v_0\cos\theta} \tag{3.19}$$

これを，(3.18) 式に代入すると，

$$y=v_0\sin\theta\frac{x}{v_0\cos\theta}-\frac{1}{2}g\left(\frac{x}{v_0\cos\theta}\right)^2=(\tan\theta)x-\frac{g}{2v_0^2\cos^2\theta}x^2 \tag{3.20}$$

3 一様な重力による運動

となり,原点を通る,上に凸の放物線であることがわかる.さらに,$y = 0$ とすると,(3.20) 式より,

$$x = 0 \text{ (始点)}, \quad x = \frac{2v_0^2 \sin\theta \cos\theta}{g} \text{ (落下点)} \tag{3.21}$$

さらに,(3.17) 式に落下点の x を代入して,

$$t = \frac{2v_0 \sin\theta}{g} \tag{3.22}$$

となる.対称性を考えると,軌道の最高点の時刻 t_m は

$$t_\mathrm{m} = \frac{t}{2} = \frac{v_0 \sin\theta}{g} \tag{3.23}$$

であり,このときの x, y の座標は,

$$x_\mathrm{m} = \frac{v_0^2 \sin\theta \cos\theta}{g}, \quad y_\mathrm{m} = \frac{v_0^2 \sin^2\theta}{2g} \tag{3.24}$$

以上を図 3.5 にまとめる.

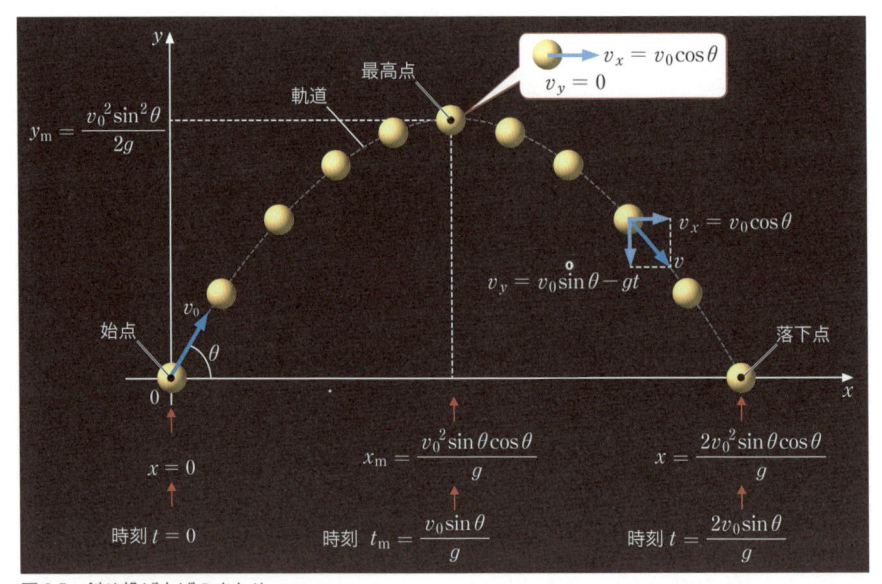

図 3.5 斜め投げ上げのまとめ

例題3-2　モンキーハンティング

時刻 $t=0$ に，原点から，質点 P を初速度 v_0 で，水平面とのなす角 θ で打ち出す。それと同時に，$(x, y) = (x_0, y_0)$ にあった質点 Q を自由落下させた。重力加速度の大きさを g として以下の問いに答えなさい。

(1) P，Q は v_0 にかかわらず衝突することが可能である。その条件を求めなさい。

(2) Q から P を見たとき，P はどのような運動として観測されるか。特に，速度に着目して答えなさい。

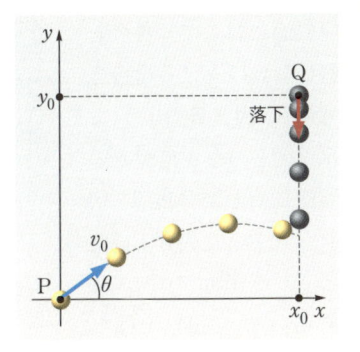

● 解答

(1) 衝突時刻を t_0 とすると $x_0 = (v_0\cos\theta)t_0$　∴ $t_0 = \dfrac{x_0}{v_0\cos\theta}$

このとき，P，Q の y 座標が等しくなるので，

$$(v_0\sin\theta)t_0 - \frac{1}{2}gt_0^2 = y_0 - \frac{1}{2}gt_0^2$$

∴ $(v_0\sin\theta)t_0 = y_0$

この式に t_0 を代入して $\tan\theta = \dfrac{y_0}{x_0}$

(2) P，Q の x, y 方向の速度の式は

$$\begin{cases} v_{Px} = v_0\cos\theta \\ v_{Py} = v_0\sin\theta - gt \end{cases} \quad \begin{cases} v_{Qx} = 0 \\ v_{Qy} = -gt \end{cases}$$

Q から P を見ると，相対速度の式より

$v_{PQx} = v_{Px} - v_{Qx}$

$v_{PQy} = v_{Py} - v_{Qy}$

∴ $v_{PQx} = v_0\cos\theta - 0 = v_0\cos\theta$

$v_{PQy} = (v_0\sin\theta - gt) - (-gt) = v_0\sin\theta$

∴ $v_{PQ} = v_0$

(1) の結果を満たすとき Q から P を見ると，つねに P は Q に向かって等速 v_0 で近づいてくるように見える。

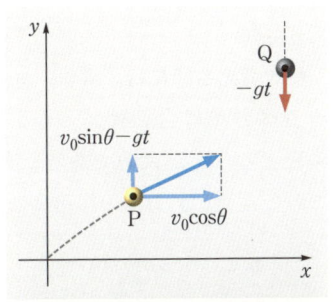

京都嵐山・モンキーパークいわたやまにて撮影

3.3 放物運動 2（斜面への斜め投げ上げ）

斜面に対して，質点を斜めに投げ上げる場合を考える。図 3.6 のように，水平面とのなす角が α の斜面に対して角度 θ，初速 v_0 で斜めに投げ上げたとき，水平面に対して，角 $(\alpha + \theta)$ で投げ上げた場合と同じ軌道をとるので放物運動することがわかる。このとき，斜面上の落下点や，斜面からの距離の最大値はどのようにして求められるかを考える。

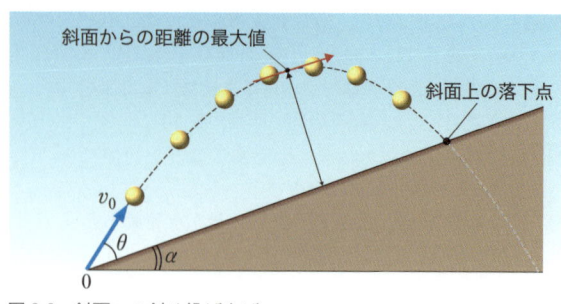

図 3.6 斜面への斜め投げ上げ

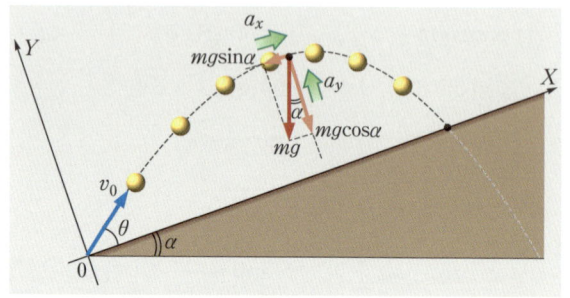

図 3.7 斜面に合わせて軸をとる

軸を考える際には，求めるべき量に合わせて軸をとることが大切である。実際には，図 3.7 のように X, Y 軸をとればよい。このとき X, Y 方向の加速度は，それぞれの軸方向の運動方程式より

$$ma_x = -mg\sin\alpha \tag{3.25}$$
$$ma_y = -mg\cos\alpha \tag{3.26}$$

であるので，それぞれの式から，

$$a_x = -g\sin\alpha, \quad a_y = -g\cos\alpha \tag{3.27}$$

となる。このことより，Y 方向は，加速度 $-g\cos\alpha$ となり，先の場合と比べて，$g \to g\cos\alpha$ へ変換されたと考え，さらに X 方向も，加速度 $-g\sin\alpha$ の等加速度運動となると考えればよい。すなわち，X, Y 方向に対して，以下の式が成立する。

$$X 方向：v_x = v_0\cos\theta - (g\sin\alpha)t \tag{3.28}$$
$$X = (v_0\cos\theta)t - \frac{1}{2}(g\sin\alpha)t^2 \tag{3.29}$$

$$Y\text{方向}: v_y = v_0\sin\theta - (g\cos\alpha)t \tag{3.30}$$

$$Y = (v_0\sin\theta)t - \frac{1}{2}(g\cos\alpha)t^2 \tag{3.31}$$

さて，斜面からの距離が最大となるのは，Y 方向の速度成分が 0 となるときであるから，そのときの時刻を $t = t_\mathrm{m}$ とすると，(3.30)式より，

$$0 = v_0\sin\theta - (g\cos\alpha)t_\mathrm{m} \quad \therefore\ t_\mathrm{m} = \frac{v_0\sin\theta}{g\cos\alpha} \tag{3.32}$$

である。これを，(3.31)式に代入して，

$$Y_\mathrm{m} = (v_0\sin\theta)t_\mathrm{m} - \frac{1}{2}(g\cos\alpha)t_\mathrm{m}^2 = \frac{v_0^2\sin^2\theta}{2g\cos\alpha} \tag{3.33}$$

となり，(3.24)式の g を $g\cos\alpha$ に置き換えただけの解となる。また，落下点に関しても，$Y = 0$ で求めることができる。

$$0 = (v_0\sin\theta)t - \frac{1}{2}(g\cos\alpha)t^2$$

$$\therefore\ t = 0\ (\text{始点}), \quad t = \frac{2v_0\sin\theta}{g\cos\alpha}\ (\text{終点}) \tag{3.34}$$

となり，落下点では，$t = 2t_\mathrm{m}$ となり，時間に関して対称性が成立している。この落下点の時刻を (3.29)式に代入すると，

$$X = \frac{2v_0^2\sin\theta\cos(\alpha + \theta)}{g\cos^2\alpha} \tag{3.35}$$

となる。これを，図で表すと図 3.8 のようになる。

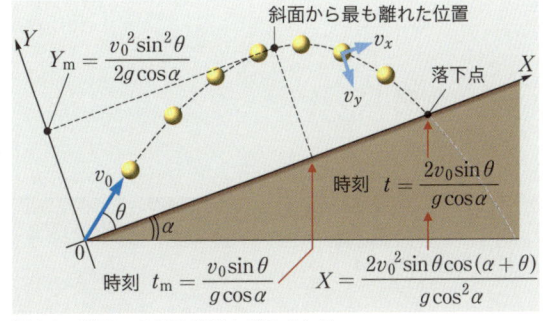

図 3.8　斜面への斜め投げ上げのまとめ

3.4 空気抵抗を考えた落体の運動

　前節までは，空気抵抗を無視して考えたが，地球上で実際に石やボールを投げたとき，空気抵抗を無視することはできない。ここでは，水平な地面から角 θ の方向に，初速度 v_0 で質量 m の物体を斜めに投げ上げたとき，空気の抵抗力が，物体の運動量に比例する場合について考える。

A 運動方程式

　抵抗力が運動量 mv に比例するとして，その比例定数を k とすると，抵抗力 F は，

$$F = -k(mv) \tag{3.36}$$

と表すことができる。これを，x，y 軸成分で考えると，それぞれの成分を F_x，F_y として

$$F_x = -kmv_x, \qquad F_y = -kmv_y \tag{3.37}$$

となる。図 3.9 より，x，y 軸方向の運動方程式は，加速度をそれぞれ，

$$a_x = \frac{dv_x}{dt}, \qquad a_y = \frac{dv_y}{dt} \tag{3.38}$$

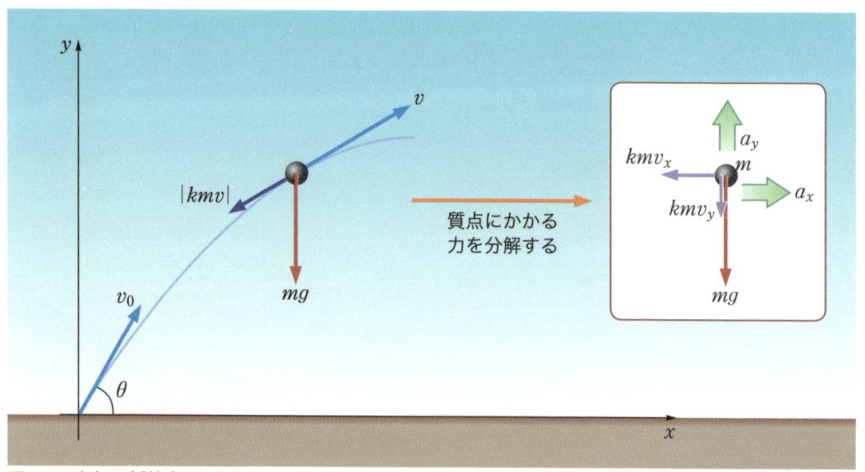

図 3.9　空気の抵抗力

とすると，

$$m\frac{dv_x}{dt} = -kmv_x \tag{3.39}$$

$$m\frac{dv_y}{dt} = -kmv_y - mg \tag{3.40}$$

となる。これらの運動方程式は，v_x，v_y に関する微分方程式であるからこれを解くことで，時刻 t における式を得ることができる。

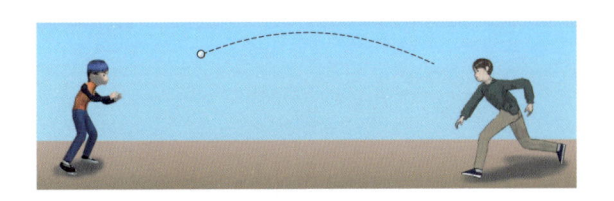

B 運動方程式の解 (x 軸方向)

(3.39)式を変形して，変数分離型※の式にすると

$$\frac{1}{v_x}dv_x = -kdt \tag{3.41}$$

となる。積分すると，

$$\log v_x = -kt + C_1 \quad (C_1：積分定数)$$

$$\therefore \quad v_x = C_2 e^{-kt} \quad (C_2 = e^{C_1}) \tag{3.42}$$

ここで，初期条件より，$t = 0$ のとき，$v_x = v_0\cos\theta$ であるから，これを(3.42)式に代入して，

$$v_0\cos\theta = C_2 \cdot 1 \quad \therefore \quad C_2 = v_0\cos\theta \tag{3.43}$$

$$\therefore \quad v_x = v_0\cos\theta\, e^{-kt} \tag{3.44}$$

となる。また，変位 x は，(3.44)式を t で積分することで得られるので，

※変数分離とは，(3.41)式のように，左辺と右辺それぞれに変数を分離することをいう。ここでは，左辺は v_x のみ，左辺は t のみに分離する。

$$x = -\frac{1}{k}v_0\cos\theta \, e^{-kt} + C_3 \tag{3.45}$$

初期条件は，$t=0$ のとき，$x=0$ であるから，これを (3.45) 式に代入して

$$0 = -\frac{1}{k}v_0\cos\theta \cdot 1 + C_3 \quad \therefore \quad C_3 = \frac{1}{k}v_0\cos\theta \tag{3.46}$$

$$\therefore \quad x = \frac{v_0\cos\theta}{k}(1 - e^{-kt}) \tag{3.47}$$

となる。(3.44) 式，(3.47) 式において，それぞれ $t \to \infty$ とすると

$$v_x \to 0, \quad x \to \frac{v_0\cos\theta}{k} \tag{3.48}$$

となり，これらをグラフに表すと概形は図 3.10 のようになる。

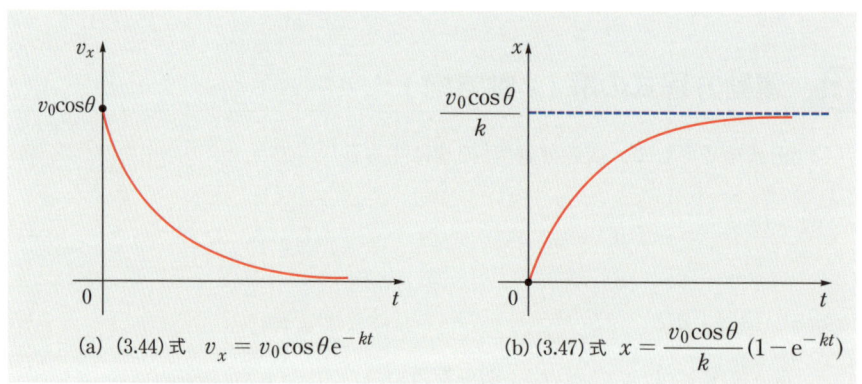

(a) (3.44) 式 $v_x = v_0\cos\theta \, e^{-kt}$

(b) (3.47) 式 $x = \dfrac{v_0\cos\theta}{k}(1 - e^{-kt})$

図 3.10 　x 軸方向の速度と変位

C 運動方程式の解（y 軸方向）

(3.40) 式において，

$$V = v_y + \frac{g}{k} \tag{3.49}$$

となる V を仮定すると，$\dfrac{dV}{dt} = \dfrac{dv_x}{dt}$ であるから，(3.40) 式は，

$$\frac{dV}{dt} = -kV \tag{3.50}$$

となる。変数分離型にすると

$$\frac{1}{V}dV = -kdt \tag{3.51}$$

となり，x 方向のときの (3.41) 式と同じ形になる。したがって，この微分方程式の解は，(3.42) 式にならって，

$$\therefore\ V = C_4 \mathrm{e}^{-kt} \quad (C_4：積分定数) \tag{3.52}$$

となる。(3.49) 式より，v_y は

$$v_y = -\frac{g}{k} + V = -\frac{g}{k} + C_4 \mathrm{e}^{-kt} \tag{3.53}$$

となる。ここで，初期条件より $t=0$ のとき $v_y = v_0 \sin\theta$ であるから，

$$v_0 \sin\theta = -\frac{g}{k} + C_4 \cdot 1 \quad \therefore\ C_4 = \frac{g}{k} + v_0 \sin\theta \tag{3.54}$$

$$v_y = -\frac{g}{k} + \left(v_0 \sin\theta + \frac{g}{k}\right)\mathrm{e}^{-kt} \tag{3.55}$$

となる。さらに，x 方向のときと同様に，t で積分して，

$$y = -\frac{g}{k}t - \frac{1}{k}\left(v_0 \sin\theta + \frac{g}{k}\right)\mathrm{e}^{-kt} + C_5 \quad (C_5：積分定数) \tag{3.56}$$

初期条件，$t=0$ のとき $y=0$ より，

$$0 = -\frac{g}{k}\cdot 0 - \frac{1}{k}\left(v_0 \sin\theta + \frac{g}{k}\right)\cdot 1 + C_5$$

$$\therefore\ C_5 = \frac{1}{k}\left(v_0 \sin\theta + \frac{g}{k}\right) \tag{3.57}$$

以上より，

3 一様な重力による運動

$$y = -\frac{g}{k}t + \frac{1}{k}\left(v_0\sin\theta + \frac{g}{k}\right)(1 - e^{-kt}) \tag{3.58}$$

となる．(3.55)式，(3.58)式において，$t \to \infty$とすると，

$$v_y \to -\frac{g}{k}, \qquad y \to -\infty \tag{3.59}$$

となるので，それぞれ，v_y，yのグラフの概形は，**図 3.11** のようになる．

(a) (3.55)式
$$v_y = -\frac{g}{k} + \left(v_0\sin\theta + \frac{g}{k}\right)e^{-kt}$$

(b) (3.58)式
$$y = -\frac{g}{k}t + \frac{1}{k}\left(v_0\sin\theta + \frac{g}{k}\right)(1 - e^{-kt})$$

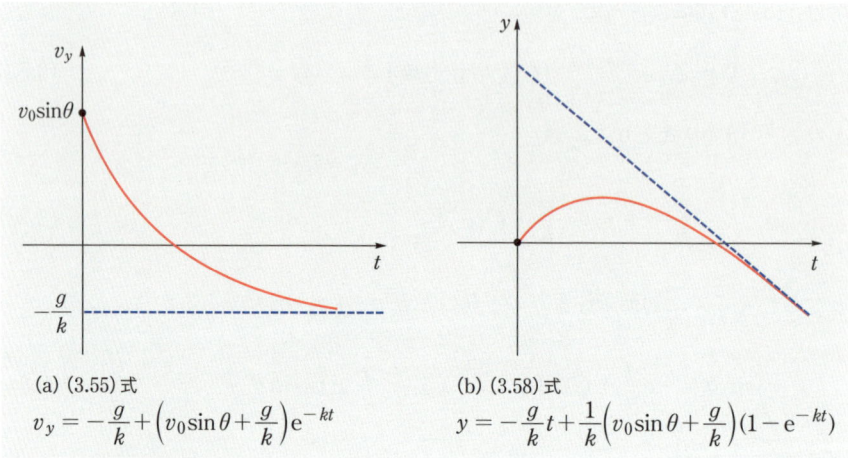

図 3.11　y軸方向の速度と変位

(3.48)式，(3.59)式より，水平方向には，$v_0\cos\theta/k$ までしか到達できず，最終的には，$-y$方向に等速度運動することがわかる．したがって，軌道の概形は，**図 3.12** のようになる．

$$x_m = \frac{v_0^2 \sin\theta\cos\theta}{kv_0\sin\theta + g}$$

$$y_m = \frac{v_0\sin\theta}{k} - \frac{g}{k^2}\log\left(1 + \frac{kv_0\sin\theta}{g}\right)$$

$$t_m = \frac{1}{k}\log\left(1 + \frac{kv_0\sin\theta}{g}\right)$$

図 3.12　軌道の概形

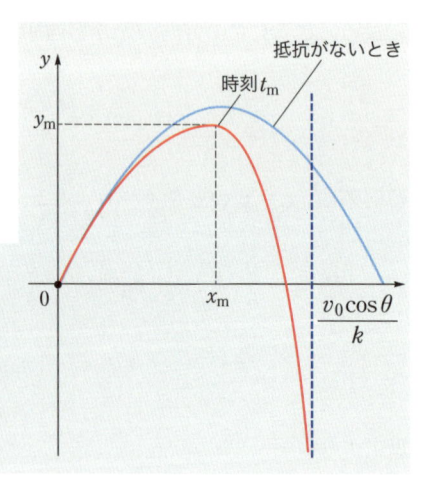

D 軌道について

図 3.12 の，軌道 $y(x)$，t_m，x_m，y_m を求めてみよう。

(3.47)式　　$x = \dfrac{v_0 \cos\theta}{k}(1 - e^{-kt})$

(3.58)式　　$y = -\dfrac{g}{k}t + \dfrac{1}{k}\left(v_0\sin\theta + \dfrac{g}{k}\right)(1 - e^{-kt})$

の 2 式から t を消去する。(3.58) 式より，

$$1 - e^{-kt} = \dfrac{k}{v_0\cos\theta}x \tag{3.60}$$

これより，

$$e^{-kt} = 1 - \dfrac{k}{v_0\cos\theta}x \quad \therefore \quad t = -\dfrac{1}{k}\log\left(1 - \dfrac{k}{v_0\cos\theta}x\right) \tag{3.61}$$

(3.60)式, (3.61)式の結果を (3.58)式に代入すると，y を x を用いて表すことができ，軌道の式が求まる。すなわち，

$$y = \dfrac{g}{k^2}\log\left(1 - \dfrac{k}{v_0\cos\theta}x\right) + \dfrac{1}{v_0\cos\theta}\left(v_0\sin\theta + \dfrac{g}{k}\right)\cdot x \tag{3.62}$$

となる。ここで，最高点では，$v_y = 0$ であるから，(3.55) 式より

$$0 = -\dfrac{g}{k} + \left(v_0\sin\theta + \dfrac{g}{k}\right)e^{-kt_m} \tag{3.63}$$

$$\therefore \ e^{-kt_m} = \dfrac{g}{kv_0\sin\theta + g} \quad \therefore \ t_m = \dfrac{1}{k}\log\left(1 + \dfrac{kv_0\sin\theta}{g}\right) \tag{3.64}$$

となる。この結果を (3.47)式，(3.58)式に代入すると，次のようになる。

$$x_m = \dfrac{v_0^2 \sin\theta\cos\theta}{kv_0\sin\theta + g} \tag{3.65}$$

$$y_m = \dfrac{v_0\sin\theta}{k} - \dfrac{g}{k^2}\log\left(1 + \dfrac{kv_0\sin\theta}{g}\right) \tag{3.66}$$

例題3-3 空気抵抗を考えた斜面上の質点の運動

右図のように，水平面となす角がθの斜面を質量mの質点が滑り降りることを考える。斜面はなめらかであるが，空気抵抗が働き，その抵抗力は運動量に比例する(比例定数k)ものとする。重力加速度をgとして，以下の問いに答えなさい。

(1) 斜面下方の加速度をa，速度をvとして，滑り降りているときの質点の運動方程式を書きなさい。

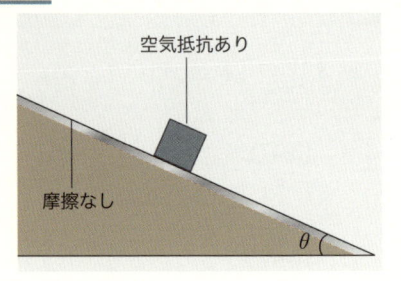

(2) 初速度0で運動を始めたとする。このときの時刻を0として，任意の時刻tでの斜面下方の速度vを求めなさい。ただし，斜面は十分に長いものとする。

(3) (2)のとき，任意の時刻tでの変位xを求めなさい。ただし，$t=0$で$x=0$とする。

(4) 十分に時間が経過すると質点はどのような運動をするか，簡潔に述べなさい。

● 解答

(1) 質点に働く力を示すと右図のようになる。図より，運動方程式は，

$$ma = mg\sin\theta - kmv$$

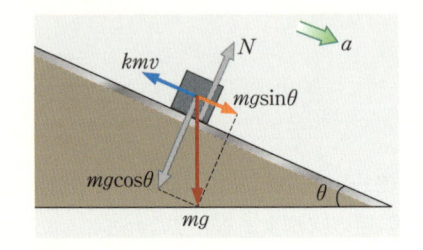

(2) (1)より $\dfrac{dv}{dt} = g\sin\theta - kv$

ここで $V = v - \dfrac{g}{k}\sin\theta$ とすると，

$\dfrac{dV}{dt} = -kV$ ∴ $\dfrac{dV}{V} = -kdt$

積分して，$\log V = -kt + C_1$ ∴ $V = C_2 e^{-kt}$ (C_1, C_2：定数)

∴ $v = C_2 e^{-kt} + \dfrac{g}{k}\sin\theta$

初期条件より $t=0$ のとき $v=0$ ∴ $C_2 = -\dfrac{g}{k}\sin\theta$

∴ $v = \dfrac{g}{k}\sin\theta (1 - e^{-kt})$

(3) (2)より $x = \int v dt = \dfrac{g}{k}\sin\theta \left(t + \dfrac{1}{k}e^{-kt}\right) + C_3$ (C_3：定数)

初期条件より $t=0$ のとき $x=0$ ∴ $C_3 = -\dfrac{g}{k^2}\sin\theta$

∴ $x = \dfrac{g}{k}\sin\theta \left\{t - (1 - e^{-kt})\dfrac{1}{k}\right\}$

(4) (2)で $t \to \infty$ とする。質点は $v_\infty = \dfrac{g}{k}\sin\theta$ の等速度運動をすることがわかる。

3.4 空気抵抗を考えた落体の運動

●例題3-4　空気抵抗を考えた雨滴モデル

質量 m の質点の落下運動を考える。初速度を 0 とし，落下開始時刻を $t=0$，そのときの位置を $x=0$ とする。また，質点には，速度 v に比例する抵抗力 kv（k：比例定数）が働くものとする。重力加速度の大きさを g として，以下の問いに答えなさい。

(1) 鉛直下方の加速度を a として，質点の運動方程式を書きなさい。
(2) 任意の時刻 t における鉛直下向きの速度の大きさを求めなさい。
(3) 任意の時刻 t における鉛直下向きの変位を求めなさい。
(4) 鉛直下向きの速度の大きさ，変位の時間に対するグラフを，時間軸を横軸としてその概形を描きなさい。

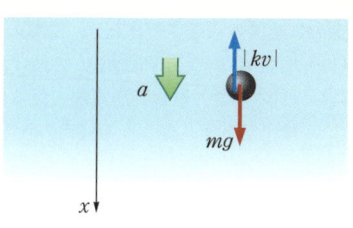

●解答

(1) $ma = mg - kv$

(2) (1)より　$\dfrac{dv}{dt} = g - \dfrac{k}{m}v$　　ここで　$V = v - \dfrac{m}{k}g$　とすると，

$$\dfrac{dV}{dt} = -\dfrac{k}{m}V \quad \therefore \quad \dfrac{dV}{V} = -\dfrac{k}{m}dt$$

積分して　$\log V = -\dfrac{k}{m}t + C_1$　$\therefore$　$V = C_2 e^{-\frac{k}{m}t}$　（C_1, C_2：定数）

$$\therefore \quad v = C_2 e^{-\frac{k}{m}t} + \dfrac{m}{k}g$$

初期条件より　$t=0$ のとき　$v=0$　$\therefore$　$C_2 = -\dfrac{m}{k}g$

$$\therefore \quad v = \dfrac{mg}{k}\left(1 - e^{-\frac{k}{m}t}\right)$$

(3) (2)より　$x = \int v\,dt = \dfrac{mg}{k}\left(t + \dfrac{m}{k}e^{-\frac{k}{m}t}\right) + C_3$　（C_3：定数）

初期条件より　$C_3 = -\dfrac{m^2 g}{k^2}$　$\therefore$　$x = \dfrac{mg}{k}\left\{t - \left(1 - e^{-\frac{k}{m}t}\right)\dfrac{m}{k}\right\}$

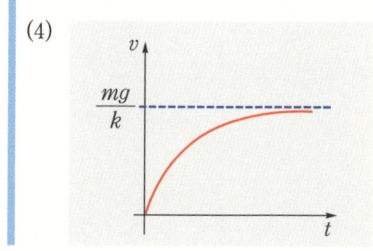

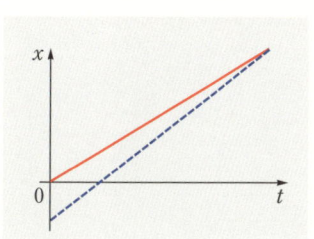

(4)

演習問題

3-1
重力加速度の大きさを g とし，空気の抵抗はないものとする。
(1) 地面から一定の初速度 v_0 で投げた質点が達しうる区域の面積 S を求めなさい。
(2) (1)のとき，最大到達距離となる角度と同じ角度で，高さ h の位置から同じ初速度で投げたとき，達しうる最大の水平到達距離を求めなさい。

3-2
図のように角 α の斜面に向けて質点を斜面に対して角 θ で初速 v_0 で投げ出した。落下点までの距離を最大にするための θ を求めなさい。
また，そのときの距離を求めなさい。

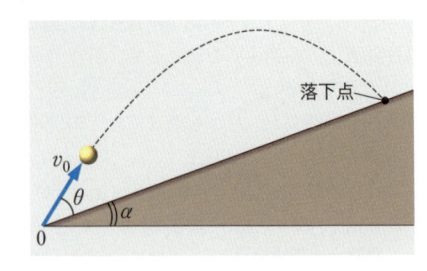

3-3
単位質量あたり，速さの2乗に比例した空気抵抗（比例定数 k）が働くときの初速 v_0 の鉛直投げ上げ運動を考える。重力加速度の大きさを g とする。
(1) 上昇するときの運動方程式から，最高点 h の満たす式を求めなさい。
(2) 下降するときの運動方程式から，(1)で求めた h の式を落下地点での速さ v' を用いて表しなさい。
(3) (1)，(2)の結果から，
$$v'^2 = \frac{g v_0^2}{g + k v_0^2}$$
を満たすことを証明しなさい。

3-4
地上のある点から質点を斜方投射したとき，軌跡上の任意の点 P までの時間を t，点 P から地面までの時間を t' とする。このとき，点 P の高さを t，t'，および重力加速度の大きさ g を用いて表しなさい。

4. 振動

VIBRATION

トランペット

　トランペットから出る音は，空気の振動である。この振動が耳の鼓膜を振動させ，上手に演奏されていれば，聞く人を心地よくさせることができる。振動現象は身近にあふれているが，ほとんどが目に見えないものなので，勉強しづらく苦手とされがちである。
　この章では，さまざまな振動現象を扱う。高校で習ったような理想的な単振動（調和振動）からはじめて，実際の現象に近づくために減衰振動や強制振動の運動方程式，またその解について考える。現象を正確にとらえるため，グラフで表し，具体化していく。

4.1 単振動（調和振動）

A 運動方程式

ばねをひきのばしたり縮めたりすると，ばねはもとに戻ろうとする力（復元力）を生む。ばねの復元力 F の大きさは，**フックの法則**より，変位 x に比例する。比例定数を k とすると

$$F = kx \tag{4.1}$$

で表される。比例定数は，**ばね定数**とよばれ，ばねの強さの度合いを表すものである。

摩擦のない水平面上での振動を考える。図 4.1 のように，x 軸を定め，ばねが自然長のときの質点の位置を $x = 0$（原点）とする。質点が，任意の位置 x にあるとき，ばねによる復元力 F は，$F = -kx$ と書けるので，質点の質量を m，加速度を a とすると，質点の運動方程式は，

$$ma = -kx \tag{4.2}$$

と書ける。ここで，加速度 a の定義（(1.15) 式）より，(4.2) 式は，

$$m\frac{d^2x}{dt^2} = -kx \tag{4.3}$$

となり，変位 x に関する微分方程式であることがわかる。この解 x を**単振動**（調和振動）とよぶ。

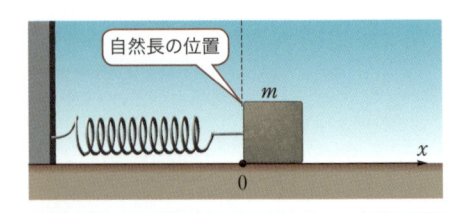

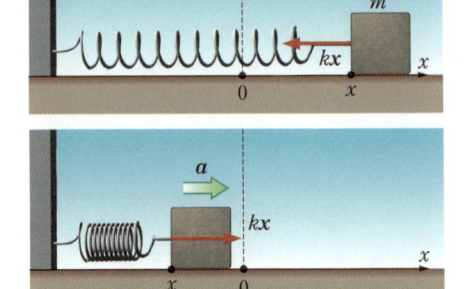

図 4.1　質点の変位とばねの復元力

B 運動方程式の解

(4.3) 式を x に関する微分方程式と考える。x 軸上のみの運動で考えているので，

ベクトル表記を用いずに表すことができ，両辺を m で割ると，

$$\frac{d^2x}{dt^2} = -\frac{k}{m}x \tag{4.4}$$

と書ける．この微分方程式の解は，一般に

$$x = A\sin(\omega_0 t + \delta), \quad \omega_0 = \sqrt{\frac{k}{m}} \tag{4.5}$$

と書ける．ここで，δ は**初期位相**，ω は**角振動数**とよばれる．この式は，単振動の解として重要であるから記憶しておいてもよいであろう．

この解を，厳密に導いてみる．(4.4) 式は，2 階の線形微分方程式とよばれる．振動現象ではたびたび目にする重要な微分方程式の形である．いま，(4.4) 式の解として，

$$x = e^{\lambda t} \tag{4.6}$$

とおいてみる．これを，代入すると，$\dfrac{d^2x}{dt^2} = \lambda^2 e^{\lambda t}$ であるから，(4.4) 式から，

$$\lambda^2 e^{\lambda t} = -\frac{k}{m}e^{\lambda t} \quad \therefore \quad \lambda^2 + \frac{k}{m} = 0 \tag{4.7}$$

となる．この式のことを，微分方程式の**特性方程式**という．(4.7) 式を満足する λ が存在すれば，それは，$x = e^{\lambda t}$ がこの微分方程式の解であることを示している．特性方程式 (4.7) の解は，

$$\lambda = \pm i\omega_0 \quad \text{ただし，} \omega_0 = \sqrt{\frac{k}{m}} \tag{4.8}$$

となる．ここで，i は虚数単位 ($i^2 = -1$) である．したがって，解は，

$$x_1 = e^{i\omega_0 t}, \quad x_2 = e^{-i\omega_0 t} \tag{4.9}$$

と書ける．これらの和や定数倍したものも解となるので，微分方程式 ((4.4) 式) の一般解は，a，b を任意の実定数として

$$x = a e^{i\omega_0 t} + b e^{-i\omega_0 t} \tag{4.10}$$

となる．さらに，**オイラーの公式**

$$e^{\pm i\omega_0 t} = \cos\omega_0 t \pm i\sin\omega_0 t \tag{4.11}$$

より，(4.10) 式の解は，

$$\begin{aligned}x &= a(\cos\omega_0 t + i\sin\omega_0 t) + b(\cos\omega_0 t - i\sin\omega_0 t) \\ &= (a+b)\cos\omega_0 t + i(a-b)\sin\omega_0 t\end{aligned} \tag{4.12}$$

となる。ここで，$\alpha = a+b$, $\beta = i(a-b)$ とすると

$$\begin{aligned}x &= \alpha\cos\omega_0 t + \beta\sin\omega_0 t \\ &= \sqrt{\alpha^2+\beta^2}\sin(\omega_0 t + \delta), \quad \tan\delta = \frac{\alpha}{\beta} \quad \boxed{\text{三角関数の合成}}\end{aligned} \tag{4.13}$$

ここで，$A = \sqrt{\alpha^2+\beta^2}$ とすると，

$$x = A\sin(\omega_0 t + \delta) \tag{4.14}$$

となり，(4.5) 式と一致する。これで，(4.5) 式が微分方程式 (4.4) の一般解となることがわかった。

C 解の分析

単振動の運動方程式 (微分方程式) から導出された解をより詳しく分析しよう。まず，(4.14) 式より，

$$x = A\sin(\omega_0 t + \delta)$$

これを，位相と変位の相関がわかるように図で表すと，**図 4.2** のようになる。

まさに，単振動の変位は，時間に対しての sin 関数，cos 関数で与えられ，周期的な運動をしていることがわかる。この運動の周期 T は，図の位相に着目すると，

$$\omega_0 T = 2\pi \qquad \therefore T = \frac{2\pi}{\omega_0} = 2\pi\sqrt{\frac{m}{k}} \tag{4.15}$$

4.1 単振動（調和振動）

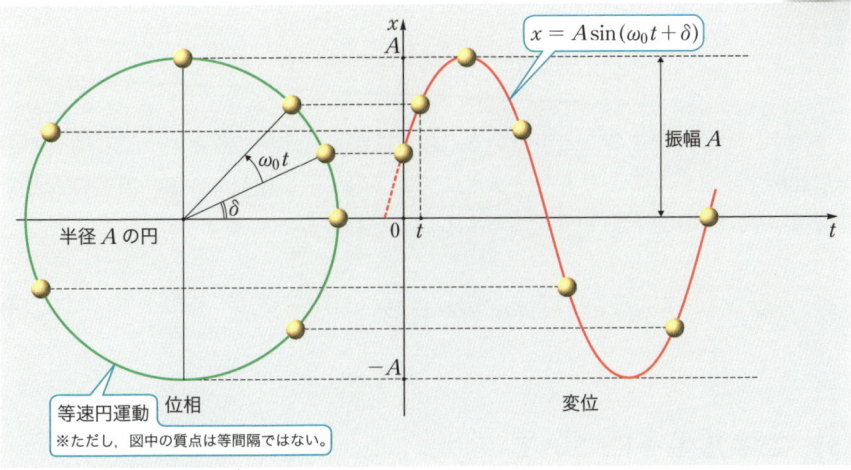

図4.2 単振動の位相と変位

となる。簡単のため，時刻 $t=0$ で，$x=0$ とし，$\delta=0$ として考えると，変位 x の式は，$x=A\sin\omega_0 t$ となり，グラフは**図 4.3** のようになる。これは，自然長の位置で，x 軸の正方向に初速を与えられた場合の振動を表している。

また，この質点の速度 v は，x を t で微分して，

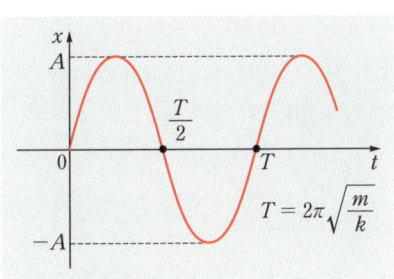

$$v = \frac{dx}{dt} \qquad (4.16)$$
$$= A\omega_0 \cos\omega_0 t$$

図4.3 単振動の変位のグラフ

となる。グラフにすると，**図 4.4** のようになり，初速度は $A\omega_0$ で，打ち出された直後は，復元力のため，減速することが容易に見てとれる。

さらに，この質点の加速度 a は，

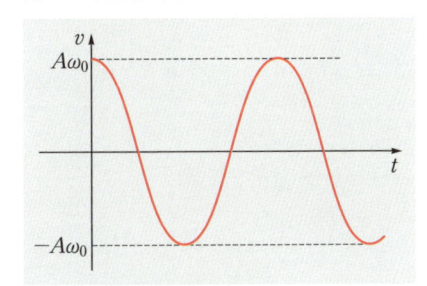

図4.4 単振動の速度のグラフ

$$a = \frac{dv}{dt} = -A\omega_0^2 \sin\omega_0 t = -\omega_0^2 A \sin\omega_0 t = -\omega_0^2 x \tag{4.17}$$

と表され，x に比例することがわかる。加速度が x に比例するということは，力が x に比例するということであり，まさにフックの法則を表している。当然のことであるが，次に示す運動方程式に帰着することがわかる。

$$ma = m(-\omega_0^2 x) = -m\omega_0^2 x = -kx \quad \left(\because \ \omega_0 = \sqrt{\frac{k}{m}}\right) \tag{4.18}$$

D エネルギーについて

弾性力のポテンシャル（位置エネルギー）は，その定義から，

$$U = -\int (-kx)dx = \frac{1}{2}kx^2 \tag{4.19}$$

となる（(2.30) 式で積分する）。いま，変位を (4.14) 式 $x = A\sin(\omega_0 t + \delta)$ で与え，(4.19) 式に代入すると，

$$U = \frac{1}{2}kA^2 \sin^2(\omega_0 t + \delta) = \frac{1}{2}m\omega_0^2 A^2 \sin^2(\omega_0 t + \delta) \tag{4.20}$$

となる。一方，この質点の運動エネルギーは，

$$K = \frac{1}{2}mv^2 = \frac{1}{2}m\left(\frac{dx}{dt}\right)^2 = \frac{1}{2}m\omega_0^2 A^2 \cos^2(\omega_0 t + \delta) \tag{4.21}$$

したがって，力学的エネルギーは，

$$\begin{aligned} E &= K + U \\ &= \frac{1}{2}m\omega_0^2 A^2 \{\cos^2(\omega_0 t + \delta) + \sin^2(\omega_0 t + \delta)\} \\ &= \frac{1}{2}m\omega_0^2 A^2 \end{aligned} \tag{4.22}$$

となり，つねに一定値になることがわかる (2.4 節 B 参照)。これを，グラフに描くと，図 4.5 のようになる。

4.1 単振動(調和振動)

図中ラベル:
- 質点が原点にある
- K：運動エネルギー $\frac{1}{2}m\omega^2 A^2 \sin^2(\omega t + \delta)$
- U：ポテンシャル $\frac{1}{2}m\omega^2 A^2 \cos^2(\omega t + \delta)$
- $E = \frac{1}{2}m\omega^2 A^2$
- 速度ゼロ
- $\left(T = \dfrac{2\pi}{\omega}\right)$

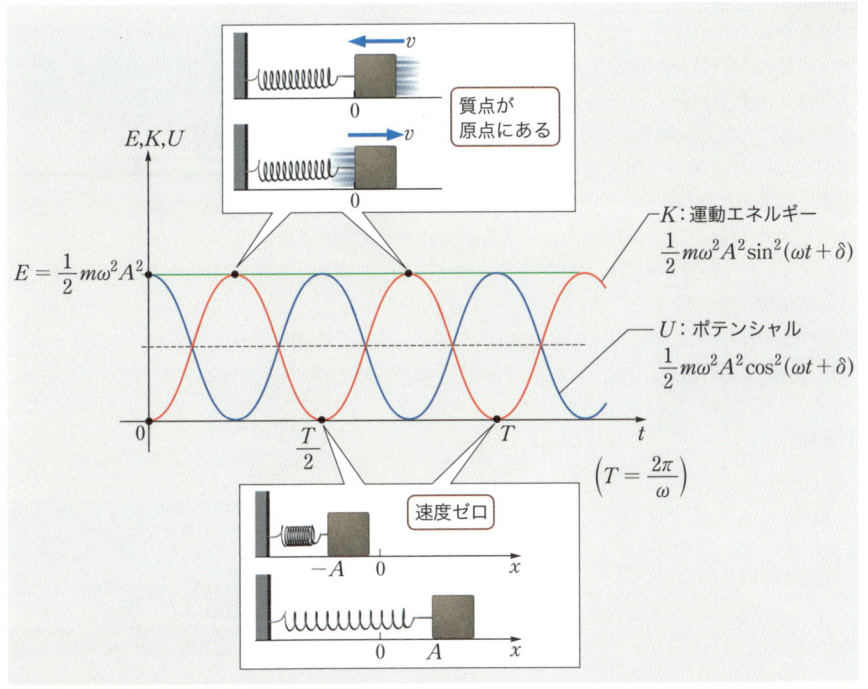

図 4.5　単振動の力学的エネルギーのグラフ

地震波　　　　　　　　　　　　　　　COLUMN ★

　地震波には，P 波と S 波とよばれる 2 種類の波がある。P 波は縦波で，S 波は横波である。この P，S はそれぞれ，Primary wave と Secondary wave の頭文字を取ったもので，言葉通り，最初に到達する波と次に到達する波という意味である。これは，地震波の伝わる速度が，縦波のほうが横波より速いためである（およそ 1.7 倍）。したがって，地震波は最初に P 波が到達して初期微動を起こし，次に S 波が到達し主要動を起こす。

　この性質を利用して，地震災害対策として考えられたのが，地震警報システムである。最初にやってくる P 波を感知し，その後の主要動に備えるためのシステムである。震源地が深いところであれば，時間差が大きいためにこのシステムは非常に威力を発揮するが，直下型で震源地が地表に近いところでは，時間差が小さいため十分とはいえない。しかし，このシステムによって，中越地震の際，時速 300 km もの速さで走る新幹線をちょっとした脱線だけに被害を止め，大事故につなげなかったことは特筆すべき成果である。

　日本は地震大国といわれる。そのため，地震に対する研究が長年にわたって積み重ねられてきた。その成果といっても過言ではないだろう。これからも地震波，地震予知に関する研究は，この国ではなくてはならない研究分野であり続けるに違いない。

中越地震で脱線した新幹線「とき 325 号」

例題 4-1　単振動の変位，速度，加速度

なめらかな水平面上で，ばねに取り付けられた質点が，ばねが自然長の状態で静止している。図のように x 座標を決めたとき，質点は x 座標上を運動するものとする。時刻 $t=0$ に，x 負方向に，初速度 v_0 を与えたとき，質点は単振動をした。以下の問いに答えなさい。

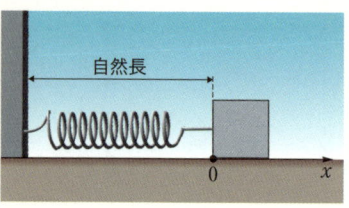

(1) 質点の質量を m，加速度を a とする。運動方程式を書きなさい。
(2) (1)より，任意の時刻における質点の速度 $v(t)$ を求め，横軸を時間にとってグラフで示しなさい。
(3) 任意の時刻における質点の変位 $x(t)$ を求め，横軸を時間にとってグラフで示しなさい。
(4) 任意の時刻における質点の加速度 $a(t)$ を求め，横軸を時間にとってグラフで示しなさい。

● 解答

(1) $ma = -kx$

(2) (1)より　$m\dfrac{d^2x}{dt^2} = -kx$

一般解として

$$x = A\sin(\omega_0 t + \delta), \quad \omega_0 = \sqrt{\dfrac{k}{m}}$$

とすると

$$v = \dfrac{dx}{dt} = A\omega_0 \cos(\omega_0 t + \delta)$$

$t=0$ のとき $x=0$，$v=-v_0$ より，$\delta = 0$，$A\omega_0 = -v_0$

$$\therefore \quad v(t) = -v_0 \cos \omega_0 t = -v_0 \cos\sqrt{\dfrac{k}{m}}\,t$$

(3) (2)より　$x(t) = -\dfrac{v_0}{\omega_0}\sin\omega_0 t = -v_0\sqrt{\dfrac{m}{k}}\sin\omega_0 t$

(4) $a(t) = \dfrac{dv}{dt} = v_0 \omega_0 \sin \omega_0 t = v_0\sqrt{\dfrac{k}{m}}\sin\omega_0 t$

以上より，グラフは下図のようになる。

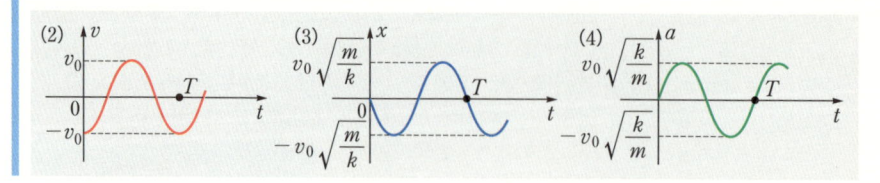

4.1 単振動(調和振動)

例題4-2　単振動の運動方程式とエネルギー

なめらかな水平面上に，ばねに取り付けられた質点がある。この質点が単振動するとき，単振動の運動方程式から直接力学的エネルギー保存則を示しなさい。ただし，質点の質量を m，ばね定数を k としなさい。また，必要ならば，自然長からの変位を x，質点の速度を v として用いなさい。

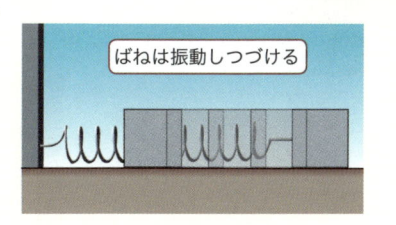

● 解答

運動方程式は $m\dfrac{dv}{dt} = -kx$ と書ける。この両辺に $v = \dfrac{dx}{dt}$ をかけると

$$mv\dfrac{dv}{dt} = -kx\dfrac{dx}{dt} \quad \therefore \quad mv\dfrac{dv}{dt} + kx\dfrac{dx}{dt} = 0$$

両辺を時間で積分すると

$$m\int v\dfrac{dv}{dt}dt + k\int x\dfrac{dx}{dt}dt = 0$$

$$\therefore \quad m\int v\,dv + k\int x\,dx = 0 \quad \therefore \quad \dfrac{1}{2}mv^2 + \dfrac{1}{2}kx^2 = C \quad (C：積分定数)$$

上式は，質点の運動エネルギーとばねの弾性エネルギーの和が，つねに一定値 (C) であることを示し，これが力学的エネルギー保存則を表している。

> ※ここで $U = \dfrac{1}{2}kx^2$ とすると，(2.34式)より
>
> $$F = -\dfrac{\partial U}{\partial r}$$
>
> ここでは1次元であるから，
>
> $$F = -\dfrac{\partial U}{\partial x} = -\dfrac{\partial}{\partial x}\left(\dfrac{1}{2}kx^2\right) = -kx$$
>
> となり，フックの法則が得られる。

単振動の周期　COLUMN ★

理想的な単振動現象では，角振動数 ω が，ばね定数 k と質量 m で決定される。したがって，振動の周期も k と m にしか依存しない。人工衛星の中などでは無重量状態であるが，このばねの性質を用いて，物体の質量を計ることができる。すなわち，あらかじめ定められたばね定数 k のばねを用いて，振動の周期を測定すれば，ばねに取り付けられた物体の質量が測定できることになる。これは，単振動の周期が重力加速度などに依存しない性質を利用したものである。

4.2 減衰振動

A 運動方程式

質点が，ばねによる弾性力に加えて，速度に比例する力を受ける場合を考える。前節で述べてきたような，ばねにつけられた質点の運動は，空気などによって抵抗力を受け，やがて静止し，理想的な単振動をすることは一般にはない。

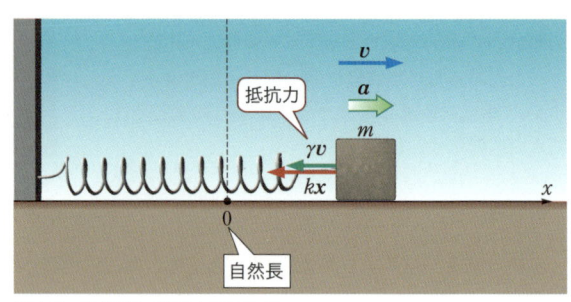

図 4.6　単振動に抵抗力を加える

図 4.6 のように，なめらかな水平面上で，ばねにつけられた質点を振動させることを考えよう。x 軸正方向を図のようにとり，ばねが自然長のときを x 軸の原点とする。ばね定数を k，速度に比例する抵抗力の比例定数を γ とする。質点が任意の位置 x にあるときの質点の運動方程式は，加速度を a，速度を v，質点の質量を m として，

$$m\boldsymbol{a} = -k\boldsymbol{x} - \gamma\boldsymbol{v} \tag{4.23}$$

と書ける。ここで，加速度，速度の定義から，この式は，

$$m\frac{d^2\boldsymbol{x}}{dt^2} = -k\boldsymbol{x} - \gamma\frac{d\boldsymbol{x}}{dt} \tag{4.24}$$

となり，減衰振動を表す運動方程式は，x に関する 2 階の線形微分方程式として表される。

B 運動方程式の解

運動は，x 方向のみであるから，前節と同様に (4.24) 式をベクトル表示せずに，

$$\frac{d^2x}{dt^2} + \frac{\gamma}{m}\frac{dx}{dt} + \frac{k}{m}x = 0 \tag{4.25}$$

と変形する。ここで、式の処理を簡潔にするため、便宜上、

$$\frac{\gamma}{m} = 2\alpha, \quad \frac{k}{m} = \omega_0^2 \quad (\alpha, \omega_0 \text{は正の定数}) \tag{4.26}$$

とおくと、(4.25)式は、

$$\frac{d^2x}{dt^2} + 2\alpha\frac{dx}{dt} + \omega_0^2 x = 0 \tag{4.27}$$

となる。ここで、前節の(4.7)式と同様に $x = e^{\lambda t}$ として特性方程式をつくると

$$\lambda^2 + 2\alpha\lambda + \omega_0^2 = 0 \tag{4.28}$$

となり、この λ は、2つの解

$$\lambda_1 = -\alpha + \sqrt{\alpha^2 - \omega_0^2}, \quad \lambda_2 = -\alpha - \sqrt{\alpha^2 - \omega_0^2} \tag{4.29}$$

をもつ。したがって、

$$x_1 = e^{\lambda_1 t}, \quad x_2 = e^{\lambda_2 t} \tag{4.30}$$

であり、この定数倍の和が一般解となる。

ここで、場合分けをする。式を簡潔に表すために、

$$\omega_1 = \sqrt{\alpha^2 - \omega_0^2} \quad \therefore \quad \lambda_1 = -\alpha + \omega_1, \quad \lambda_2 = -\alpha - \omega_1 \tag{4.31}$$

とおく。

① $\alpha^2 > \omega_0^2 \Rightarrow \gamma^2 > 4mk \Rightarrow$ **λ が異なる2つの実数解のとき**
$$x = e^{-\alpha t}(ae^{\omega_1 t} + be^{-\omega_1 t}) \tag{4.32}$$

② $\alpha^2 = \omega_0^2 \Rightarrow \gamma^2 = 4mk \Rightarrow$ **λ が重解のとき**
$$x = e^{-\alpha t}(a + bt) \tag{4.33}$$

③ $\alpha^2 < \omega_0^2 \Rightarrow \gamma^2 < 4mk \Rightarrow$ **λ が異なる2つの虚数解のとき**（前節参照）
$$x = e^{-\alpha t} a \sin(\omega_1 t + \delta) \tag{4.34}$$
このとき、$\omega_1^2 = \omega_0^2 - \alpha^2$ である。

4 振動

以上，減衰振動における微分方程式の解，すなわち，変位の式は，3種類存在することがわかる。

C 解の分析

ここで，①〜③，それぞれの解について，質点がどのような運動をしているかを，$\alpha > \omega > 0$ に注意して考える。最初に，

> ① (4.32)式 $\gamma^2 > 4mk$ のとき
> $x = e^{-\alpha t}(ae^{\omega_1 t} + be^{-\omega_1 t})$

について議論する。上記の式を，それぞれの項に分けて考えると，

$$x = ae^{-(\alpha-\omega_1)t} + be^{-(\alpha+\omega_1)t} \quad (4.35)$$

それぞれの項の和として考えればよいので，一例として3つに場合分けして図4.7に示す。

図のように，$\gamma^2 > 4mk$ のとき，すなわち，抵抗力が十分に大きい場合には，振幅極大は，あったとしても1つで，その後は，単調に減衰する運動となり，非周期運動である。

次に，

> ② (4.33)式 $\gamma^2 = 4mk$ のとき
> $x = e^{-\alpha t}(a + bt)$

の場合を考える。考え方は①と同じで，各項に展開し，それぞれの項のグラフの和を考える。すなわち，

$$x = ae^{-\alpha t} + be^{-\alpha t}t \quad (4.36)$$

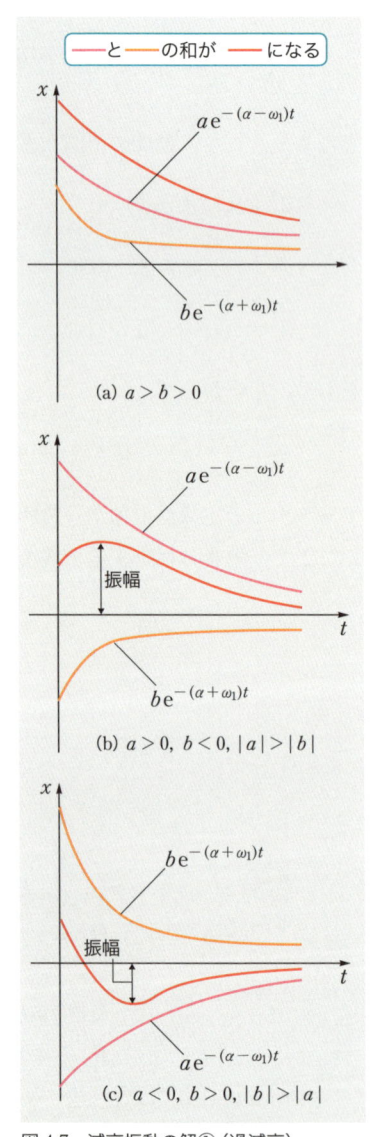

(a) $a > b > 0$

(b) $a > 0, b < 0, |a| > |b|$

(c) $a < 0, b > 0, |b| > |a|$

図4.7 減衰振動の解①（過減衰）

4.2 減衰振動

グラフの一例を図4.8に示す。この場合も，定数 a, b のとり方によって①の場合と同様に3種の運動が考えられ，やはり，非周期運動であることがわかる。

最後に，③の場合を考える。

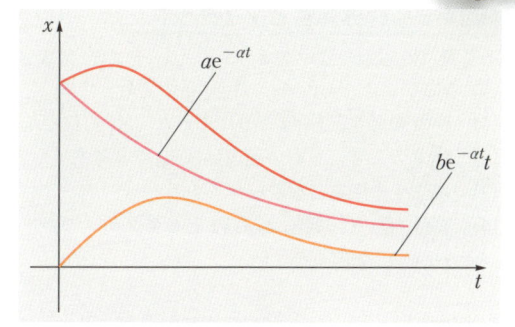

図4.8 減衰振動の解②（臨界減衰）

③ (4.34) 式 $\gamma^2 < 4mk$ のとき　$x = \mathrm{e}^{-\alpha t} a \sin(\omega_1 t + \delta)$

この関数は容易にグラフに描け，適当に δ を選ぶと図4.9のようになる。すなわち，

$$a\mathrm{e}^{-\alpha t}$$

に従って時間とともに，振幅が減少する振動である。

以上からわかるように，実際の意味で振動しているのは③のみであり，①，②はすぐに減衰してしまう。その境界は②の条件であることがわかる。このことより，①の場合を**過減衰**，②の場合を**臨界減衰**，③の場合を**減衰振動**とよぶこともある。

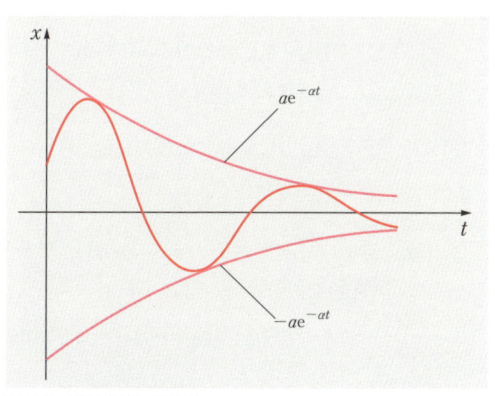

図4.9 減衰振動の解③

ドアクローザーは，減衰振動を利用して設計された装置。そのため，ドアの開閉はスムーズに行われる。

例題4-3　臨界減衰と x-t グラフ

ある質点の運動の変位が $x = e^{-\alpha t}(A_1 + A_2 t)$ で表される臨界減衰であるとき，以下の問いに答えなさい。ただし，A_1, A_2 は正の定数とする。

(1) $t=0$ のとき，$x=a>0$ であった。A_1 を決定しなさい。
(2) $t=0$ のとき，質点の速度は $-v_0 < 0$ であった。A_2 を決定しなさい。
(3) 変位 x を決定しなさい。
(4) 変位 $x(t)$ を，横軸を時刻 t としてグラフで表しなさい。その際，x が極値をとるときの，t の値 t_0 を求めなさい。

● 解答

(1) $t=0$ のとき $x=a$ より
$$a = 1 \cdot (A_1 + A_2 \cdot 0) \quad \therefore \quad A_1 = a$$

(2) x を時間 t で微分すると速さ v が求まるので，
$$v = \frac{dx}{dt} = -\alpha e^{-\alpha t}(A_1 + A_2 t) + A_2 e^{-\alpha t}$$

ここで，$t=0$ のとき $v=-v_0$，また $A_1=a$ より A_2 を求めることができる。

$$-v_0 = -\alpha \cdot 1 \cdot (a + A_2 \cdot 0) + A_2 \cdot 1 \quad \therefore \quad A_2 = -v_0 + \alpha a$$

(3) (1), (2) の A_1, A_2 を与式に代入して

$$x = e^{-\alpha t}\{a - (v_0 - \alpha a)t\}$$

(4) (3) より $x = a e^{-\alpha t} + \{-(v_0 - \alpha a)t\} e^{-\alpha t}$ と考え，グラフは以下のようになる。

x が極値をとるとき，

$$\frac{dx}{dt} = -\alpha e^{-\alpha t}\{a - (v_0 - \alpha a)t\} - e^{-\alpha t}(v_0 - \alpha a) = 0$$

なので，

$$t = \frac{v_0}{\alpha(v_0 - \alpha a)} (= t_0)$$

である。

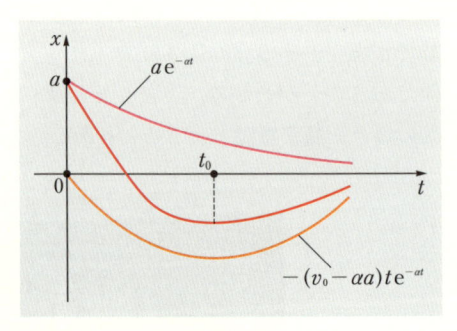

例題4-4　減衰振動のエネルギー損失

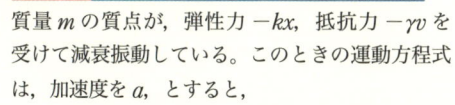

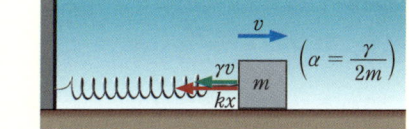

質量 m の質点が，弾性力 $-kx$，抵抗力 $-\gamma v$ を受けて減衰振動している。このときの運動方程式は，加速度を a，とすると，
$$ma = -kx - \gamma v \quad (x：変位，v：速度)$$
と書ける。これを用いて，減衰振動における力学的エネルギーの損失は，抵抗力の仕事によるものであることを示しなさい。また，変位 x が
$$x = e^{-\alpha t}\cos\omega_1 t$$
で表されるとき，抵抗力の単位時間あたりの仕事 (仕事率) を求めなさい。

● 解答

運動方程式より　$m\dfrac{dv}{dt} = -kx - \gamma v$

この式の両辺に　$v = \dfrac{dx}{dt}$　をかけると次式のようになる。

$$mv\dfrac{dv}{dt} = -kx\dfrac{dx}{dt} - \gamma v^2$$

$$\therefore\ \dfrac{d}{dt}\left(\dfrac{1}{2}mv^2 + \dfrac{1}{2}kx^2\right) = -\gamma vv$$

よって，左辺は力学的エネルギーの時間に対する変化率を示すことがわかる。また，右辺は $-\gamma v \cdot v$ となり，抵抗力による仕事率を表すので，題意を示したことになる。つづいて，

$x = e^{-\alpha t}\cos\omega_1 t$ より　$v = \dfrac{dx}{dt} = -\alpha e^{-\alpha t}\cos\omega_1 t - e^{-\alpha t}\omega_1 \sin\omega_1 t$

$$\therefore\ -\gamma v^2 = -\gamma e^{-2\alpha t}(\alpha\cos\omega_1 t + \omega_1 \sin\omega_1 t)^2$$

$$= -\gamma e^{-2\alpha t}\left\{\sqrt{\alpha^2 + \omega_1^2}\sin(\omega_1 t + \delta)\right\}^2, \quad \tan\delta = \dfrac{\alpha}{\omega_1}$$

$$= -\gamma e^{-2\alpha t}(\alpha^2 + \omega_1^2)\sin^2(\omega_1 t + \delta)$$

が，抵抗力の仕事率である。

> なお，これは本文の③にあたるので
> $$\omega_1^2 = \omega_0^2 - \alpha^2 \quad \therefore\ \alpha^2 + \omega_1^2 = \omega_0^2 = \dfrac{k}{m}$$
> である。

4.3 強制振動

A 運動方程式

これまで述べてきた単振動や減衰振動をする質点に対して，図 4.10 のようにさらに，外力として $f\cos\omega t$ という力が働く場合を考えてみよう。

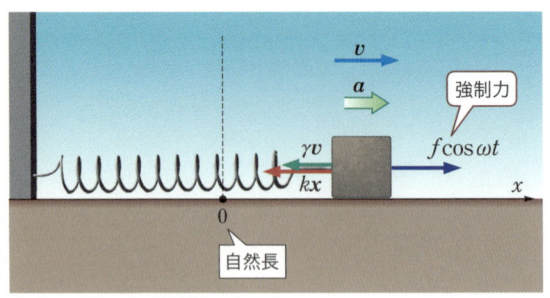

図 4.10　図 4.6 に強制力を加える

加速度を a として，単振動，減衰振動それぞれの場合について，x 軸上で運動方程式を立てると，

$$ma = -kx + f\cos\omega t \tag{4.37}$$

$$ma = -kx - \gamma v + f\cos\omega t \tag{4.38}$$

となる。このような運動方程式で表される現象を，**強制振動**とよぶ。また，外力 $f\cos\omega t$ を強制力とよぶ。これより，それぞれ運動に対する微分方程式は，

・単振動現象に強制力が働く場合

$$\frac{d^2x}{dt^2} = -\frac{k}{m}x + \frac{f}{m}\cos\omega t \tag{4.39}$$

・減衰振動現象に強制力が働く場合

$$\frac{d^2x}{dt^2} = -\frac{k}{m}x - \frac{\gamma}{m}\frac{dx}{dt} + \frac{f}{m}\cos\omega t \tag{4.40}$$

となる。それぞれの運動についてくわしく考えてみよう。

4.3 強制振動

B 単振動現象に強制力が働く場合の解

変位 x に対する微分方程式は，(4.39) 式より

$$\frac{d^2x}{dt^2} + \frac{k}{m}x = \frac{f}{m}\cos\omega t \tag{4.41}$$

である。ここで，(4.5) 式と同様に，

$$\omega_0 = \sqrt{\frac{k}{m}} \tag{4.42}$$

とすると，微分方程式 ((4.39)式) は下記のようになる。

ブランコを揺らし続けるには，強制力が必要。

$$\frac{d^2x}{dt^2} + \omega_0^2 x = \frac{f}{m}\cos\omega t \tag{4.43}$$

ここで，(4.43) 式の右辺を 0 とおくと，そのときの解は，単振動の解と同じで，

$$x_1 = A\sin(\omega_0 t + \delta) \tag{4.44}$$

となる。ここで，微分方程式 ((4.43) 式) の解を

$$x = x_1 + x_2, \quad x_2 = B\cos\omega t \tag{4.45}$$

と仮定する。x_2 は**特解**とよばれる。(4.43) 式に，x_2 を代入して，

$$-B\omega^2 \cos\omega t + \omega_0^2 B\cos\omega t = \frac{f}{m}\cos\omega t$$

$$\therefore \quad B = \frac{f}{m}\frac{1}{\omega_0^2 - \omega^2} \tag{4.46}$$

となるので，

$$x = A\sin(\omega_0 t + \delta) + \frac{f}{m}\frac{1}{\omega_0^2 - \omega^2}\cos\omega t \tag{4.47}$$

が，微分方程式 (4.43) の解となる。

C 単振動現象に強制力が働く場合の現象

前項 B で求めた解についてくわしく考えてみよう。

(4.47) 式： $\quad x = A\sin(\omega_0 t + \delta) + \dfrac{f}{m}\dfrac{1}{\omega_0^2 - \omega^2}\cos\omega t$

これより,

$$v = \dfrac{dx}{dt} = \omega_0 A\cos(\omega_0 t + \delta) - \dfrac{f}{m}\dfrac{\omega}{\omega_0^2 - \omega^2}\sin\omega t \tag{4.48}$$

ここで, 初期条件として, $t=0$ のとき, $x=0$, $v=0$ を仮定すると

(4.47) 式より $\quad 0 = A\sin\delta + \dfrac{f}{m}\dfrac{1}{\omega_0^2 - \omega^2} \tag{4.49}$

(4.48) 式より $\quad 0 = \omega_0 A\cos\delta \tag{4.50}$

したがって, (4.50) 式で, $\omega_0 \neq 0$, $A \neq 0$ であるから

$\delta = \dfrac{\pi}{2},\ \dfrac{3\pi}{2}$

このとき, (4.49) 式より, それぞれ

$$A = -\dfrac{f}{m}\dfrac{1}{\omega_0^2 - \omega^2},\quad \dfrac{f}{m}\dfrac{1}{\omega_0^2 - \omega^2} \tag{4.51}$$

となる。これらを (4.47) 式に代入すると, いずれの場合も,

$$x = \dfrac{f}{m}\dfrac{1}{\omega_0^2 - \omega^2}(\cos\omega t - \cos\omega_0 t) \tag{4.52}$$

となる。

$\omega \neq \omega_0$ で, $\omega \fallingdotseq \omega_0$ の場合は, x の時間に対するグラフは, 振幅が緩やかに変化する振動となり, いわゆる**うなり現象**が観測される (**図 4.11**)。

(a) ω_0 の波

(b) ω の波（$\omega \neq \omega_0$, $\omega \fallingdotseq \omega_0$）

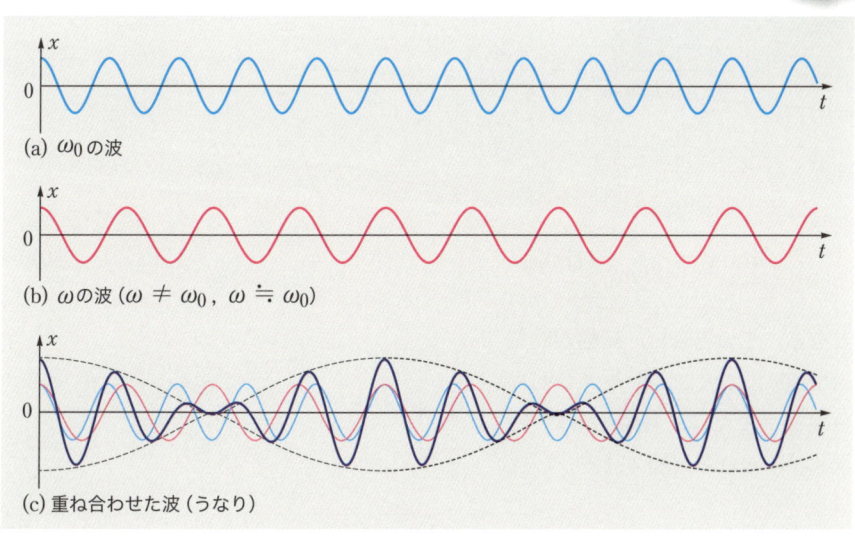

(c) 重ね合わせた波（うなり）

図 4.11　うなり

ギターチューニングへのうなりの応用　COLUMN ★

ギターなどの楽器を弾いたことがある人は知っているかもしれないが，正しい音を出すためにはチューニング（調律）が必要である。チューニングには音叉という道具がよく使われる。音叉を鳴らすと 440 Hz の音が出る。この音はラ(A)の音である。

たとえばギターのチューニングの場合，ラの音の弦（第 5 弦）を鳴らし，音叉の音と重ね合わせる。すると，チューニング前の弦の音は周波数が 440 Hz からずれているので，うなりが聞こえる。弦の張りを強めたり弱めたりして，このうなりが聞こえなくなればチューニングができたことになるのである。

ギター

音叉

音叉を鳴らし，丸い部分をギターボディにあてる。

また，徐々に，$\omega \to \omega_0$ とし，最終的に $\omega = \omega_0$ とした場合を考える。(4.52) 式を変形して，

$$x = \frac{f}{m} \frac{1}{\omega_0 - \omega} \frac{1}{\omega_0 + \omega} \left(2 \sin \frac{\omega_0 - \omega}{2} t \right) \sin \frac{\omega_0 + \omega}{2} t$$

$$= \frac{f}{m}\frac{t}{\omega_0+\omega}\left(\sin\frac{\omega_0+\omega}{2}t\right)\frac{\sin\dfrac{\omega_0-\omega}{2}t}{\dfrac{\omega_0-\omega}{2}t} \tag{4.53}$$

となるので，

$$\lim_{\omega\to\omega_0} x = \frac{f}{2m\omega_0}t\sin\omega_0 t \tag{4.54}$$

となる．この場合は，振幅が時刻 t に比例して大きくなり，いわゆる**共振**（または，**共鳴**ともいう）現象がみられる（図 **4.12**）．

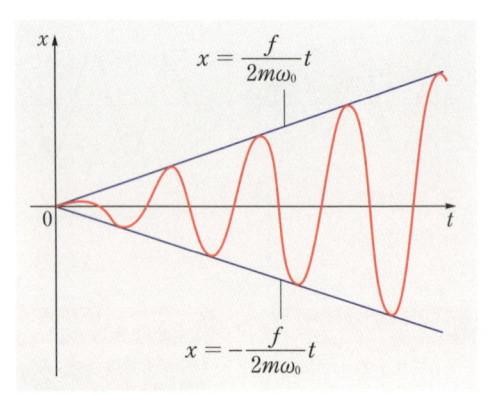

図 4.12 共振（共鳴）

D 減衰振動現象に強制力が働く場合の解

変位 x に対する微分方程式は，(4.40) 式より

$$\frac{d^2x}{dt^2} + \frac{k}{m}x + \frac{\gamma}{m}\frac{dx}{dt} = \frac{f}{m}\cos\omega t \tag{4.55}$$

である．(4.43) 式のように，(4.42) 式の ω_0 を用いると

$$\frac{d^2x}{dt^2} + \omega_0^2 x + \frac{\gamma}{m}\frac{dx}{dt} = \frac{f}{m}\cos\omega t \tag{4.56}$$

となる．当然，右辺を 0 としたときには，4.2 節 **B** で述べた解となる．
ここで，$e^{i\omega t} = \cos\omega t + i\sin\omega t$ であるから，上式を，

$$\frac{d^2x}{dt^2} + \omega_0^2 x + \frac{\gamma}{m}\frac{dx}{dt} = \frac{f}{m}e^{i\omega t} \tag{4.57}$$

と書き，この式の実数部分をとれば，この式の特解が得られることになる．

$$x_2 = Be^{i\omega t} \tag{4.58}$$

として，微分方程式に代入し，$e^{i\omega t}$ でわると，

$$-B\omega^2 + B\omega_0^2 + Bi\frac{\gamma\omega}{m} = \frac{f}{m}$$

$$\therefore \ B = \frac{\dfrac{f}{m}}{\omega_0^2 - \omega^2 + \dfrac{\gamma\omega}{m}i} \tag{4.59}$$

これより，$B = Ce^{-i\phi}$ とおいて，C を求め，x_2 を導出すると（**例題4-5** 参照），

$$x_2 = \frac{\dfrac{f}{m}}{\sqrt{(\omega_0^2 - \omega^2)^2 + \dfrac{\gamma^2\omega^2}{m^2}}} e^{i(\omega t - \phi)} \tag{4.60}$$

ただし，

$$\tan\phi = \frac{\gamma\omega}{m}\frac{1}{\omega_0^2 - \omega^2} \tag{4.61}$$

となる．以上より，たとえば，4.2節Bで③の場合を選べば，x_2 の実数部分を選んで，

$$x = e^{-\alpha t}a\sin(\omega_1 t + \delta) + \frac{\dfrac{f}{m}}{\sqrt{(\omega_0^2 - \omega^2)^2 + \dfrac{\gamma^2\omega^2}{m^2}}}\cos(\omega t - \phi) \tag{4.62}$$

を得る．

E 減衰振動に強制力が働く場合の現象

(4.62)式において,第1項は,$e^{-\alpha t}$ $(\alpha > 0)$ のため,時間が十分に経過すると無視できる項である。この項のことを**過渡振動項**とよび,第2項のことを**定常振動項**(または**定常項**)とよぶことがある。

ここでは,第2項に注目して考えてみる。振幅を A とおくと,(4.62)式より,

$$A = \frac{\dfrac{f}{m}}{\sqrt{(\omega_0{}^2 - \omega^2)^2 + \dfrac{\gamma^2 \omega^2}{m^2}}} \tag{4.63}$$

これは,外力の角振動数 ω の関数と考えられる。この振幅 A をグラフで図示すると,**図4.13**のようになる。

(4.63)式において,最大値 $A_{\max}$ は,ω_0 を一定にして,ω を変化させて,ω が次式のようになるときに得られる。

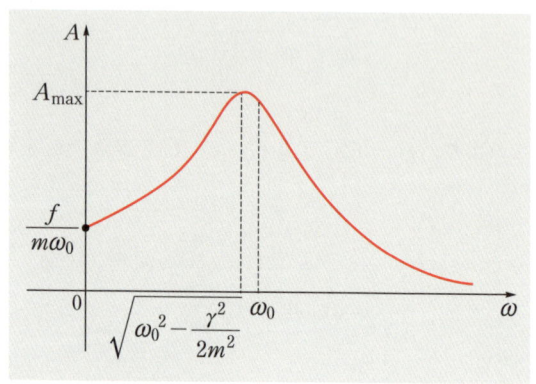

図4.13 定常振動項のグラフ

$$\omega = \sqrt{\omega_0{}^2 - \frac{\gamma^2}{2m^2}} \qquad (\gamma^2 < 2mk) \tag{4.64}$$

よって,最大値 $A_{\max}$ は,次式のようになる(**例題4-6** 参照)。

$$A_{\max} = \frac{f}{\gamma} \frac{1}{\sqrt{\omega_0{}^2 - \dfrac{\gamma^2}{4m^2}}} \tag{4.65}$$

$\dfrac{\gamma}{m\omega_0}$ が小さいほど $\omega \fallingdotseq \omega_0$ となり,振幅は鋭いピークをもつことになる。

$$\left(\because \ \omega = \omega_0 \sqrt{1 - \frac{1}{2}\left(\frac{\gamma}{m\omega_0}\right)^2} \right)$$

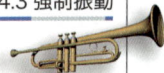

音波について　　　　　　　　　　　　　　　COLUMN ★

　音波には，振動が伝わるための媒質が必要である。この媒質の振動エネルギーが次々に伝わり，耳の鼓膜にエネルギーが届くことで音を聞くことができる。われわれは，音をさまざまな形で聞き分けることができるが，それは物理的には何を聞き分けていることなのであろうか。

①音の高さ

　音の高さは，音波の振動数の大小によるものである。すなわち，1秒間あたり，媒質が何回振動しているかによって，音の高低が決まる。振動数が大きくなると高音で聞こえる。振動数が2倍になることを「1オクターブ高い音になる」という。

②音の強さ

　音の高さが同じでも，すなわち振動数が同じでも大きく聞こえる音と小さく聞こえる音がある。この音の大きさの大小は，波の振幅で決まる。振動数が同じときは，振幅が大きいほど音は大きく聞こえる。

③音色

　同じドの音でも楽器によって，その音色は異なる。振動数，振幅が同じでも波形が異なることで音色が異なって聞こえるのである。楽器からの音は，完全な sin カーブではなく，波形はさまざまな波が重なり合ってギザギザになっている。この形の違いが音色の違いなのである。

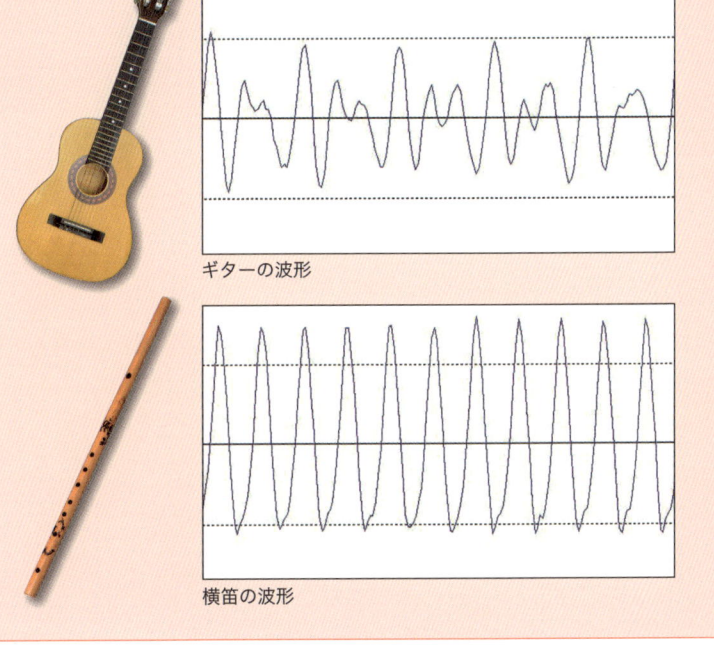

ギターの波形

横笛の波形

例題4-5　強制力が働くときの解

(4.59) 式より (4.60) 式，(4.61) 式を示しなさい。

● 解答

(4.59) 式より

$$B = \frac{\frac{f}{m}\left(\omega_0^2 - \omega^2 - \frac{\gamma\omega}{m}i\right)}{(\omega_0^2 - \omega^2)^2 + \frac{\gamma^2\omega^2}{m^2}} = \frac{\frac{f}{m}(\omega_0^2 - \omega^2)}{(\omega_0^2 - \omega^2)^2 + \frac{\gamma^2\omega^2}{m^2}} - i\frac{\frac{f}{m}\frac{\gamma\omega}{m}}{(\omega_0^2 - \omega^2)^2 + \frac{\gamma^2\omega^2}{m^2}}$$

ここで，$B = Ce^{-i\phi} = C\cos\phi - iC\sin\phi$ と比較すると

$$C\cos\phi = \frac{\frac{f}{m}(\omega_0^2 - \omega^2)}{(\omega_0^2 - \omega^2)^2 + \frac{\gamma^2\omega^2}{m^2}}, \quad C\sin\phi = \frac{\frac{f}{m}\frac{\gamma\omega}{m}}{(\omega_0^2 - \omega^2)^2 + \frac{\gamma^2\omega^2}{m^2}}$$

また，$x_2 = Be^{i\omega t} = Ce^{i(\omega t - \phi)}$ であり，$\cos^2\phi + \sin^2\phi = 1$，$\tan\phi = \dfrac{\sin\phi}{\cos\phi}$

なので，上式より (4.60) 式，(4.61) 式が次のように示される。

$$C = \frac{\frac{f}{m}}{\sqrt{(\omega_0^2 - \omega^2)^2 + \frac{\gamma^2\omega^2}{m^2}}}, \quad \tan\phi = \frac{\frac{\gamma\omega}{m}}{\omega_0^2 - \omega^2}$$

例題4-6　強制力が働くときの角振動数と振幅

(4.63) 式から (4.64) 式，式 (4.65) を示しなさい。

● 解答

(4.63) 式の分母の $\sqrt{}$ の中に着目する。これを ω の関数と考えて

$$g(\omega) = (\omega_0^2 - \omega^2)^2 + \frac{\gamma^2\omega^2}{m^2} \quad \therefore \quad g'(\omega) = -4\omega(\omega_0^2 - \omega^2) + 2\omega\frac{\gamma^2}{m^2} = 0$$

とすると，$\omega^2 = \omega_0^2 - \dfrac{\gamma^2}{2m^2} \quad \therefore \quad \omega = \sqrt{\omega_0^2 - \dfrac{\gamma^2}{2m^2}}$ のとき極値をとる。

これを (4.63) 式に代入すると

$$A = \frac{\frac{f}{m}}{\sqrt{\frac{\gamma^4}{4m^4} + \frac{\gamma^2}{m^2}\left(\omega_0^2 - \frac{\gamma^2}{2m^2}\right)}} = \frac{f}{\gamma}\frac{1}{\sqrt{\omega_0^2 - \frac{\gamma^2}{4m^2}}}$$

例題 4-7　強制振動における平均運動エネルギー

抵抗力が働いた状態で，角振動数 ω の外力が働く強制振動では，一般に質点の変位は，

$$x = ae^{-\alpha t}\sin(\omega_1 t + \delta) + A\sin(\omega t - \phi)$$

と書ける［(4.62) 式参照のこと］。
このとき，十分に時間が経過した後の，1 周期の平均運動エネルギーを求めなさい。

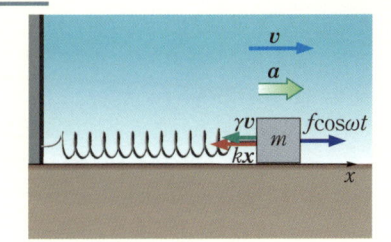

● 解答

十分，時間が経過すると，x の第 1 項目は 0 に近づくため

$$x = A\sin(\omega t - \phi)$$

と書ける。ここで，運動エネルギー K は，

$$K = \frac{1}{2}m\left(\frac{dx}{dt}\right)^2 = \frac{1}{2}m\{\omega A\cos(\omega t - \phi)\}^2$$

$$= \frac{1}{2}m\omega^2 A^2 \cos^2(\omega t - \phi)$$

ここで $\cos^2(\omega t - \phi)$ の時間平均は $\frac{1}{2}$ なので

$$\left(\text{このことは } \frac{1}{2\pi}\int_0^{2\pi}\cos^2 x\,dx = \frac{1}{2} \text{ という計算からわかる}\right)$$

平均運動エネルギーは次のようになる。

$$\overline{K} = \frac{1}{4}m\omega^2 A^2$$

この式に (4.63) 式の A を代入して

$$\overline{K} = \frac{1}{4}m\omega^2 \frac{\frac{f^2}{m^2}}{(\omega_0^2 - \omega^2)^2 + \frac{\gamma^2\omega^2}{m^2}} = \frac{1}{4}\frac{\frac{f^2}{m}\omega^2}{(\omega_0^2 - \omega^2)^2 + \frac{\gamma^2\omega^2}{m^2}}$$

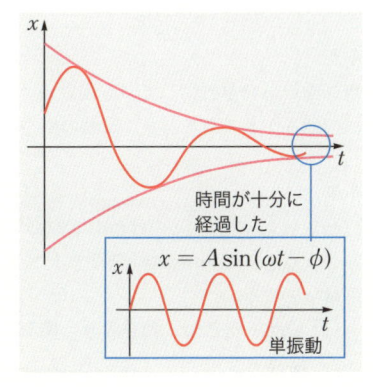

演習問題

4-1
なめらかな水平面上に固定された点A，点Bの間に張力Sで糸を張り，糸の中央に質量mの質点を取り付ける。AB間の距離はlとする。
(1) ABを結ぶ線分に垂直に微小距離だけ変位させ，静かに放したとき，質点が単振動することを示しなさい。
(2) (1)の単振動の角振動数，周期を，張力S，質量m，AB間の距離lを用いて表しなさい。

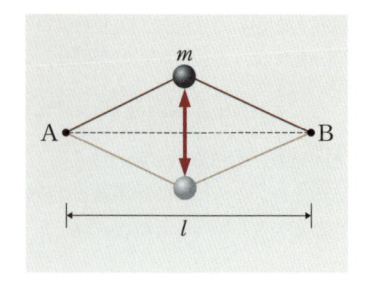

4-2
自然長からxだけ伸ばすのに，Wの仕事を要するばねがある。このばねに，質量mのおもりをつけて振動させたとき，角振動数と周期を求めなさい。

4-3
角振動数ωで単振動している質量mの質点がある。この質点が，自然長からの変位がxの位置で速さがvであるとき，振動の全力学的エネルギーを求めなさい。

4-4
ばね定数k，自然長lのばねの下端に質量mのおもりをつるし，上端の支点を$-A\sin\omega t$で上下方向に振動させた。重力加速度の大きさはgとする。
(1) 鉛直下向きにx軸をとり，時刻$t=0$における支点の位置を原点とすると，上端の座標は$-A\sin\omega t$と書ける。このとき，質点の運動方程式を書きなさい。
(2) 任意の時刻における質点の変位xを求めなさい。

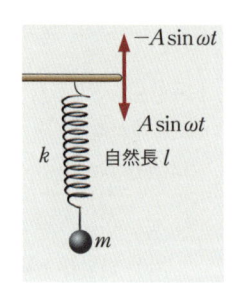

4-5
減衰振動において，力学的エネルギーの単位時間あたりの変化率が，速度の2乗に比例していることを導きなさい。ただし，ばね定数：k，質点の質量：m，角振動数：ωとし，必要ならば任意の定数を定義して用いてよい。

5. 中心力と惑星の運動

CENTRAL FORCE AND MOTION OF PLANETS

土星

　地球や土星などの惑星は，さまざまな力を受けながら運動をしている。もし力が働いていなければ，第2章で学んだ「運動の第2法則」より，惑星は静止しているか，等速直線運動をすることになるだろう。この章では，まず，中心力の定義から入り，角運動量，角運動量保存の法則を考える(このとき，第2章を参照していただきたい)。また，ケプラーの法則，万有引力の法則，万有引力によるポテンシャルも議論する。惑星は中心力を受けて一平面上を運動する質点であるとして，惑星の軌道を明らかにする。

5.1 中心力

A 中心力

質点が力 F を受けて運動するとき，その力 F の作用線が，つねにある任意の点 O を通るなら，この力 F のことを**中心力**という。

図 5.1 のように点 O を原点として質点の位置ベクトルを r とすると，力 F は，$|F|=|F|$，$|r|=|r|$ として，

$$F = F\frac{r}{r} \tag{5.1}$$

と書ける。このとき，$\dfrac{r}{r}$ は，r 方向の単位ベクトルを表す。たとえば，$F>0$ であれば，中心である点 O から遠ざかる向きの力であり，**斥力**とよばれる。逆に $F<0$ であれば，点 O に近づく向きであり，**引力**とよばれる。

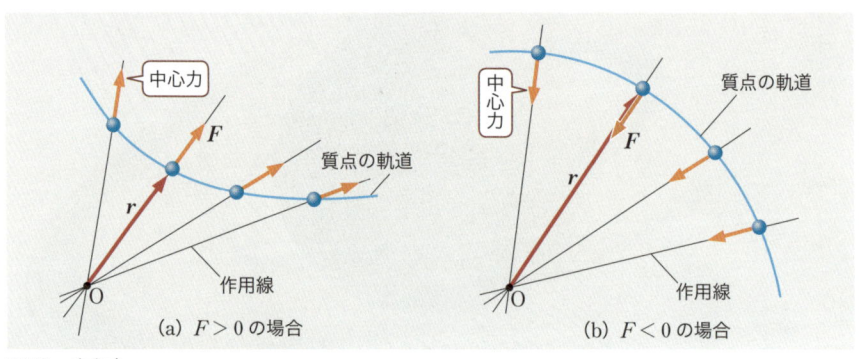

図 5.1 中心力

B 角運動量保存則

中心力が働く質点の運動では，角運動量保存則が成立する。これを，第 2 章で学んだことをもとにして考える。質点の運動量を p，速度を v とすると，角運動量 L は，外積（ベクトル積）を用いて，

$$L = r \times p = mr \times v \tag{5.2}$$

である。この角運動量の時間微分を考えると，

$$\frac{d\boldsymbol{L}}{dt} = \frac{d}{dt}(m\boldsymbol{r}\times\boldsymbol{v}) = m\frac{d\boldsymbol{r}}{dt}\times\boldsymbol{v} + m\boldsymbol{r}\times\frac{d\boldsymbol{v}}{dt} \tag{5.3}$$

$$= m\boldsymbol{v}\times\boldsymbol{v} + \boldsymbol{r}\times\boldsymbol{F} \quad \boxed{\text{運動方程式}\ m\frac{d\boldsymbol{v}}{dt}=\boldsymbol{F}\ \text{を用いる。}}$$

$$= 0 + \boldsymbol{r}\times F\frac{\boldsymbol{r}}{r} \quad \boxed{(5.1)\text{式を用いる。また、}\boldsymbol{v}\times\boldsymbol{v}=0}$$

$$= 0 \tag{5.4}$$

となる。したがって，角運動量の時間変化はなく，つねに一定値をもつことがわかる。すなわち，質点が中心力を受けて運動するときには，角運動量は保存されるのである。

C 中心力を受ける質点の運動方程式

図 5.2 のように中心力 F を受けて運動する質点に対して，極座標を適用すると，$\boldsymbol{e}_r$ 方向，$\boldsymbol{e}_\theta$ 方向それぞれの加速度は，(1.28) 式より

$$\begin{aligned} a_r &= \frac{d^2r}{dt^2} - r\left(\frac{d\theta}{dt}\right)^2 \\ a_\theta &= \frac{1}{r}\frac{d}{dt}\left(r^2\frac{d\theta}{dt}\right) \end{aligned} \tag{5.5}$$

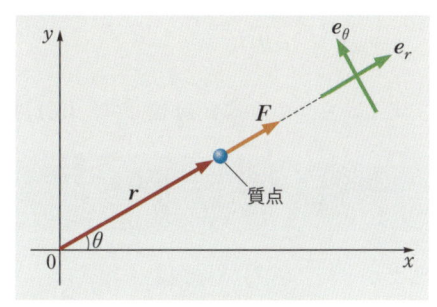

図 5.2　中心力を受ける質点と極座標

であるから，それぞれの方向に対する運動方程式は，

$$\boldsymbol{e}_r\ \text{方向} \quad m\left\{\frac{d^2r}{dt^2} - r\left(\frac{d\theta}{dt}\right)^2\right\} = F \tag{5.6}$$

$$\boldsymbol{e}_\theta\ \text{方向} \quad m\left\{\frac{1}{r}\frac{d}{dt}\left(r^2\frac{d\theta}{dt}\right)\right\} = 0 \tag{5.7}$$

となる。

5 中心力と惑星の運動

(5.6) 式は，動径方向の運動方程式であるが，(5.7) 式が何を示しているかについて考えてみよう．図 5.2 において，

$$x = r\cos\theta, \qquad y = r\sin\theta \tag{5.8}$$

であるから，x, y 方向の速度成分は次式のようになる．

$$v_x = \frac{dx}{dt} = \frac{dr}{dt}\cos\theta - r\sin\theta\frac{d\theta}{dt} \tag{5.9}$$

$$v_y = \frac{dy}{dt} = \frac{dr}{dt}\sin\theta + r\cos\theta\frac{d\theta}{dt} \tag{5.10}$$

よって，(2.63) 式より，角運動量 L は，

$$L = xp_y - yp_x = xmv_y - ymv_x = mr^2\frac{d\theta}{dt} \tag{5.11}$$

となる．一方，(5.7) 式より，

$$\frac{d}{dt}\left(r^2\frac{d\theta}{dt}\right) = 0 \tag{5.12}$$

であるから，この式を m 倍して，(5.11) 式と比較すると，次式のようになる．

$$\frac{d}{dt}\left(mr^2\frac{d\theta}{dt}\right) = \frac{d}{dt}L = 0 \tag{5.13}$$

したがって，(5.7) 式の運動方程式は，角運動量保存則を示す式になっている．

ケプラーとティコ　　　　　　　　　　　　　　　　COLUMN ★

　ケプラーの師匠であるティコ・ブラーエは，望遠鏡のない時代としては驚くほど正確な天文データを残した．ティコは，占星術のために天文観測をしていたが，彼はこれを神聖なものと考え，観測する際には必ず正装し厳粛に行っていたといわれている．
　この正確なデータを受け取ったケプラーは，コペルニクス説や，地動説を唱えて火あぶりの刑となったジョルダーノ・ブルーノの説をこのデータと比較し，それまでの「円運動説」を否定し，「楕円運動説」を唱えるようになる．「円運動説」を否定するに至った誤差は，わずかに角度にして 8 分であったが，彼は，「ティコ師匠のデータが 8 分も狂うことはあり得ない」と考え，観測データの誤差ではなく，理論のほうが間違っているとした．
　ケプラーが，ティコとともに観測した時期はわずかに 1 年程度であるが，ケプラーはティコの妥協を許さない観測姿勢に真実を見たのかもしれない．

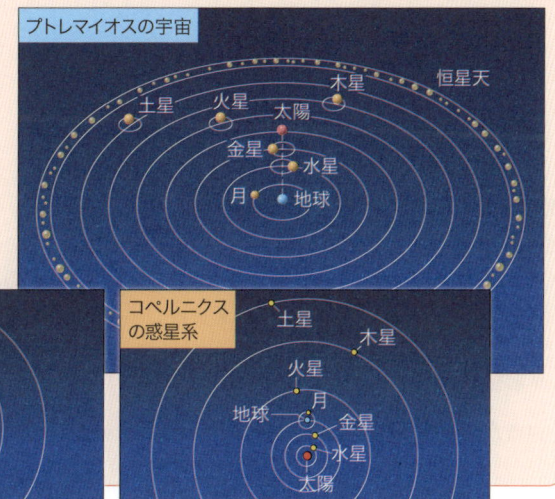

天動説と地動説　　COLUMN ★

　天文学の始まりは，古代ギリシャ時代にまでさかのぼる。当時，特に重要であった農業においては天候，気温，季節を正確にとらえるために天文学は必要不可欠であったといわれている。この当時の学者たちはさまざまな仮説を立てて天体の運行を解明しようとした。

　特に興味深いのは，この時代にすでに地球の自転を確信していたヘラクレイデスである。天動説，地動説の是非とは別に，地球の自転を唱えていたのである。われわれが普通に日々生活する中で，この地球が自転していることを感じることはない。実測や理論を積み重ねて解明されたことであるが，精密な観測機器など皆無に近い当時に，地球の自転を唱えていたことは感嘆に値する。

　また，アリスタルコスは，地球が太陽のまわりを公転していると考え，地動説を唱えていた。彼は観測の中で，地球が太陽よりもずいぶん小さいことを知り，「小さい地球の周りを大きな太陽が回るとは考えられない」として地動説を唱えたといわれている。現代人でも多くの人は幼少の頃，「太陽が地球の周りをまわっている」と考え，教育の中で，いわゆるコペルニクス的展開を知るわけである。古代ギリシャ時代において，どのような根拠で，地球の自転や公転が唱えられたのかは正確には定かではないが，その想像力にはやはり驚かされる。とはいっても，圧倒的にアリストテレスの唱えていた天動説，すなわち，地球が宇宙の中心で，宇宙の星々が地球のまわりをまわるという説が有力であった。これは，多くの人々に受け入れやすい説であっただろうことは容易に想像できる。

　しかし，当時から，惑星の運動を単なる地球のまわりを回る円運動としたのでは説明がつかないということもわかっていた。これを解決しようと多く学者達がさまざまなモデルを考えたのであるが，その中でもっと有名なのがプトレマイオスの周転円説である。これは，非常に複雑なものであるが，簡単にいってしまえば，円運動に円運動を重ねて，それらの組み合わせで星が運行しているというものである。

　後に，コペルニクス，ティコ・ブラーエなどがさまざまな宇宙を考えるが，ケプラーの考えなしには解決できなかった。ケプラーの最も優れた考え方は，「真実は今までの理屈とは少し異なったところにあるのではないか」と考えたところにある。すなわち，「円運動」を捨てたところにある。古代ギリシャ時代から誰もが疑わなかった「円運動」を捨てたのである。まさに「思いこみ」からの脱却が真実を見いだしたといえるであろう。

プトレマイオスの宇宙

ブラーエの惑星系

コペルニクスの惑星系

例題5-1　中心力を受けて円運動する物体

質量 m の質点が，右図のように半径 a の円軌道を描いて運動をしている。このとき，質点は，つねに原点 O から中心力 $F(r)$ を受けているものとする。
(1) r を a と θ を用いて表しなさい。
(2) 質点の角運動量の大きさを L とするとき，中心力 $F(r)$ が，r の 5 乗に反比例することを示しなさい。

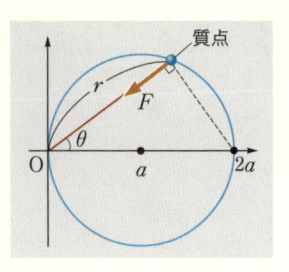

● 解答

(1) 図より　　$r = 2a\cos\theta$
(2) $F(r)$ は中心力であるから角運動量の大きさ L はつねに一定である。よって，(5.11) 式より

$$L = mr^2 \frac{d\theta}{dt} = 一定 \qquad ①$$

また，r 方向運動方程式（(5.6) 式）より

$$m\frac{d^2r}{dt^2} - mr\left(\frac{d\theta}{dt}\right)^2 = F \qquad ②$$

である。ここで

$$\frac{dr}{dt} = \frac{dr}{d\theta}\frac{d\theta}{dt} = \frac{dr}{d\theta}\frac{L}{mr^2} \quad (\because ①式)$$

$$\frac{d^2r}{dt^2} = \frac{d^2r}{d\theta^2}\frac{d\theta}{dt}\frac{L}{mr^2} + \frac{dr}{d\theta}\frac{-2rL}{mr^4}\frac{dr}{dt} = \frac{d^2r}{d\theta^2}\left(\frac{L}{mr^2}\right)^2 - \left(\frac{dr}{d\theta}\right)^2\frac{2L^2}{m^2r^5}$$

ここで

$$\frac{dr}{d\theta} = -2a\sin\theta, \quad \frac{d^2r}{d\theta^2} = -2a\cos\theta = -r$$

よって②式より

$$F = m(-r)\left(\frac{L}{mr^2}\right)^2 - m(4a^2\sin^2\theta)\frac{2L^2}{m^2r^5} - mr\left(\frac{L}{mr^2}\right)^2$$

$$= -\frac{8a^2L^2}{mr^5} \quad (\because r = 2a\cos\theta)$$

以上より，題意を示すことができた。

例題5-2　中心力と角運動量

ある質点が中心力を受けて運動しているとき，その運動が力の中心（点 O）を含む平面内で起こることを示しなさい。また，運動する平面は，質点の初期位置，および初速度で決定されることを示しなさい。必要ならば，質点の質量を m，中心力を $f(r)\frac{\bm{r}}{r}$ としなさい。

● 解答

運動方程式は　　$m\dfrac{d\bm{v}}{dt} = f(r)\dfrac{\bm{r}}{r}$　　である。この運動方程式と $\bm{r}$ の外積をとると，

$$mr \times \frac{dv}{dt} = r \times f(r)\frac{r}{r} = 0 \quad (\because r \times r = 0)$$

ここで

$$\frac{dL}{dt} = \frac{d}{dt}(mr \times v) = m\left(r \times \frac{dv}{dt} + \frac{dr}{dt} \times v\right)$$

$$= m\left(r \times \frac{dv}{dt} + v \times v\right)$$

$$= m\left(r \times \frac{dv}{dt}\right) \quad (\because v \times v = 0)$$

$$\therefore \frac{dL}{dt} = 0$$

これより，最初の角運動量を L_0 とすると，これはつねに保たれることになる。したがって，

$$L = L_0 = mr_0 \times v_0$$

であり，初期位置を示す位置ベクトル r_0 と初速度 v_0 で決定されるベクトル L_0 に垂直な点 O を含む平面内で質点が運動することがわかる。

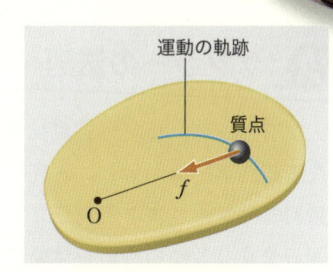

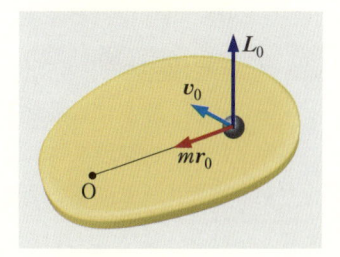

例題5-3　円運動の加速度

質量 m の月が，半径 r，角速度 ω，速さ v で，地球のまわりを等速円運動していると考える。このとき，月に働く力の大きさ F は，

$$F = \frac{mv^2}{r} = mr\omega^2$$

と書ける。このことを，月が地球へ落下し続けていると考えて導きなさい。

●解答

月と地球の間になんら力が働かなければ，月は下図の軌道①の等速直線運動をする。しかし，実際には軌道②の円運動をしているので，月は地球に向かって落下したと考えられる。月の速さを v，落下加速度を a とすると

$$\overline{AB} = vt, \quad \overline{BD} = \frac{1}{2}at^2$$

と書ける。ここで，三平方の定理より，

$$\overline{BC}^2 = \overline{AC}^2 + \overline{AB}^2 \quad \therefore \left(r + \frac{1}{2}at^2\right)^2 = r^2 + (vt)^2$$

$$r^2 + art^2 + \frac{1}{4}a^2t^4 = r^2 + v^2t^2$$

t は微小であると考え，$t^4 \fallingdotseq 0$ とすると $\quad art^2 = v^2t^2 \quad \therefore a = \dfrac{v^2}{r}$

ここで，$v = r\omega$ より $\quad a = \dfrac{v^2}{r} = r\omega^2$ となる。よって，運動方程式を書くと次のように題意を示すことができる。$F = ma = \dfrac{mv^2}{r} = mr\omega^2$

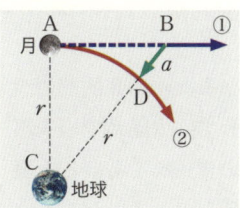

5.2 ケプラーの法則と万有引力

A ケプラーの法則

ケプラーは，惑星の運動に関して，師匠であるティコ・ブラーエの25年間にわたる観測データをもとに研究をつづけた（コラム p.110）。ケプラーは，惑星の運動に対してさまざまな仮説を立てて，データと比較することで，試行錯誤の中から下記のような3つの法則を見いだすことに成功した。これが**ケプラーの法則**である。

> **ケプラーの法則**
> 第1法則：惑星は太陽を1つの焦点とする楕円軌道上を運行する。
> 第2法則：面積速度は一定である。
> 第3法則：公転周期の2乗は，軌道の長半径の3乗に比例する。

第2法則の，**面積速度**とは，太陽と惑星を結ぶ線分が単位時間に掃く面積のことである。第1法則，第2法則を図で表すと，**図5.3**のようになる。

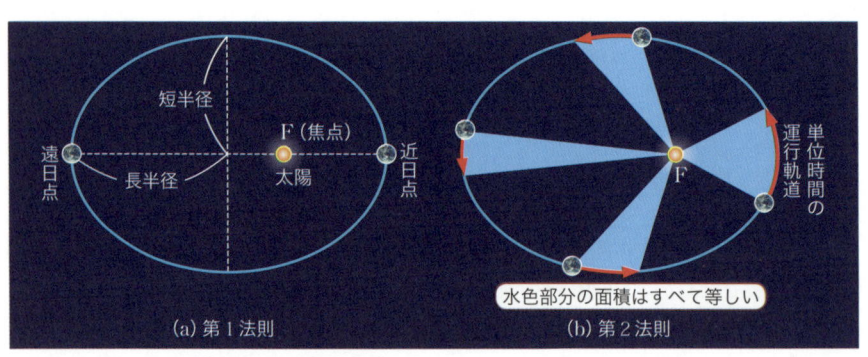

図5.3 ケプラーの法則（第1法則，第2法則）

また，第3法則について，太陽系での一部のデータをあげると**表5.1**のようになる。

表5.1 太陽系のおもな惑星の長半径と公転周期

	長半径 a（天文単位）	公転周期 T（年）	T^2/a^3
水星	0.387	0.241	1.00
金星	0.723	0.615	1.00
地球	1	1	1
火星	1.52	1.88	1.01
木星	5.20	11.9	1.01

5.2 ケプラーの法則と万有引力

B 万有引力の法則

ニュートンは，月が等速円運動をすると近似して，地球と月の間に働く引力の大きさ F を考えた。図 5.4 のように，月までの距離を r，月の質量を m，月の角速度を ω とすると，運動方程式から次のように書ける。

$$F = mr\omega^2 \tag{5.14}$$

さらに，引力が距離の 2 乗に反比例すると仮定し，r が地球の半径のおよそ 60 倍であることから，重力加速度を g として，

$$F = \frac{mg}{(60)^2} \tag{5.15}$$

とした。(5.14) 式，(5.15) 式より，月の公転周期 T は，

$$T = \frac{2\pi}{\omega} = 2\pi \cdot 60 \sqrt{\frac{r}{g}}$$

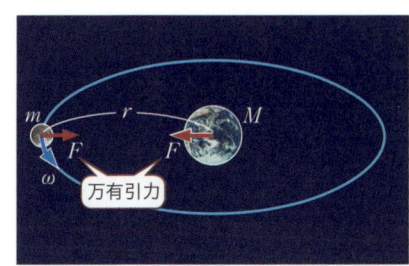

図 5.4　月と地球の万有引力

となる。ここで，$r = 3.84 \times 10^8$ m, $g = 9.80$ m/s^2 を代入すると，

$$T \fallingdotseq 2.36 \times 10^6 \,\text{s} \fallingdotseq 27.3 \,\text{日}$$

となり，実際の月の公転周期とよく一致する。このことより，ニュートンは，**万有引力**は距離の 2 乗に反比例する大きさをもつ**逆 2 乗の力**であることを見いだした。

次に，ケプラーの第 3 法則より，この万有引力を導き出してみよう。(5.6) 式より，

$$m\left(\frac{d^2r}{dt^2} - r\left(\frac{d\theta}{dt}\right)^2\right) = F$$

ここで，まずはじめに，月が等速円運動をすると仮定した場合を考えよう。このように考えると，半径 r は一定であるから

$$\frac{d^2r}{dt^2} = 0$$

であるから，

5 中心力と惑星の運動

$$-mr\omega^2 = F, \quad \omega = \frac{d\theta}{dt} \tag{5.16}$$

となる。ここで，ケプラーの第 3 法則より，周期を T，比例定数を k とすると

$$T^2 = kr^3 \quad \therefore \left(\frac{2\pi}{\omega}\right)^2 = kr^3 \quad \therefore \omega^2 = \frac{4\pi^2}{kr^3} \tag{5.17}$$

となり，ω が決定するので，この式を (5.16) 式に代入すると，

$$F = -\frac{4\pi^2}{k}\frac{m}{r^2} \tag{5.18}$$

と書ける。ここで，$F < 0$ のとき，F は円の中心方向に向かうことを意味する。作用・反作用の法則を考えれば，月が地球を引く力も同じ大きさである。したがって，この力 F は，地球の質量 M にも比例しなくてはならないので，G を比例定数として，

$$F = -G\frac{Mm}{r^2} \tag{5.19}$$

と書くことができ，これを万有引力とよぶ。なお，G を万有引力定数とよぶ。これより，質量をもつ物体がたがいに引き合う力は，質量に比例し，距離の 2 乗に反比例することがわかる。このことを，**万有引力の法則**という。

C 面積速度一定について

この項では，面積速度の定義から始めて，運動方程式と比較することで面積速度一定の法則を導き，物理的意味を考える。

図 5.5 は，質点が点 A から点 B までの微小距離を移動する様子を示している。$\angle AOB = d\theta$ とすると，$d\theta$ は微小角であるから，青色部分の面積は $\triangle AOB$ の面積に近似できる。すなわち，

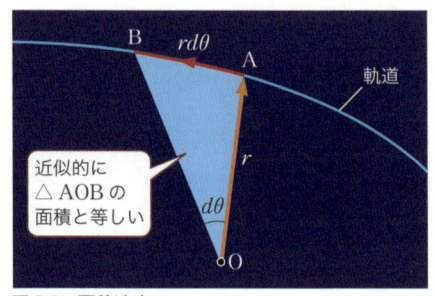

図 5.5 面積速度

5.2 ケプラーの法則と万有引力

$$(青色部分の面積) \fallingdotseq (\triangle \text{AOB の面積}) \fallingdotseq \frac{1}{2} r \cdot r d\theta$$
$$= \frac{1}{2} r^2 d\theta \tag{5.20}$$

となる。ここで，点 A から点 B まで移動する間の所要時間を dt と考えると，面積速度 S は，その定義より，(5.20) 式を dt で割って，

$$S = \frac{1}{2} r^2 \frac{d\theta}{dt} \tag{5.21}$$

と書ける。ここで，運動方程式から得られた，

(5.13) 式 $\quad \dfrac{d}{dt}\left(mr^2 \dfrac{d\theta}{dt}\right) = 0$

を参照すると，すぐに，

$$\frac{d}{dt}S = 0 \quad \boxed{(面積速度 S の時間微分) = 0} \tag{5.22}$$

と書けて，面積速度が一定であることが証明される。また，(5.13) 式は，角運動量保存則を示しているので，面積速度一定とは，角運動量保存則に他ならないことを示している。

D 楕円軌道について

楕円は 2 つの焦点 F，F′ からの距離の和が一定である点の軌跡なので，xy 座標における図 5.6 のような楕円の方程式は，

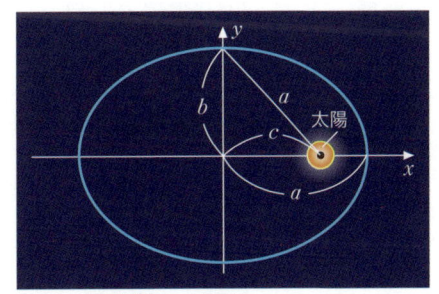

図 5.6 楕円軌道 (xy 座標)

$$\frac{x^2}{a^2}+\frac{y^2}{b^2}=1 \quad (a^2=b^2+c^2) \tag{5.23}$$

と表すことができる。また，このとき，$\frac{c}{a}$ のことを**離心率**とよぶ。

次に，この楕円軌道を，極座標で考えよう。図5.7のように，r，r'，θ を決めると，楕円であることより，

$$r'+r=2a \tag{5.24}$$

また，余弦定理より，

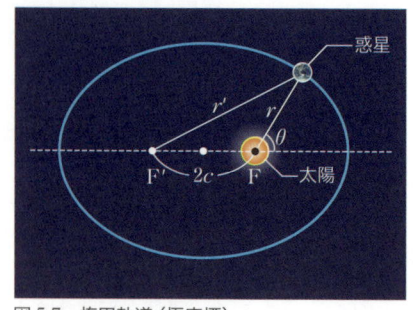

図5.7 楕円軌道（極座標）

$$r'^2 = r^2+(2c)^2-2r\cdot 2c\cdot \cos(\pi-\theta) = r^2+4c^2+4rc\cos\theta \tag{5.25}$$

であるから，(5.24)式，(5.25)式より r' を消去して，

$$a^2-c^2 = r(a+c\cos\theta) \tag{5.26}$$

となる。ここで，(5.23)式でも示したように，$a^2=b^2+c^2$ より

$$b^2 = r(a+c\cos\theta) \quad \therefore \quad r = \frac{b^2}{a+c\cos\theta} \tag{5.27}$$

となる。ここで，(5.27)式の右辺の分子分母を a で割って，$\varepsilon = \frac{c}{a}$ を用いると，

$$r = \frac{l}{1+\varepsilon\cos\theta}, \quad l = \frac{b^2}{a} \tag{5.28}$$

となる。ここで，l は**半直弦**とよばれる。

E 運動方程式と軌道

図5.8のように，太陽の質量を M，惑星の質量を m，それらの距離を r，万有引力定数を G とし，太陽を原点とする極座標を考えると，運動方程式は，

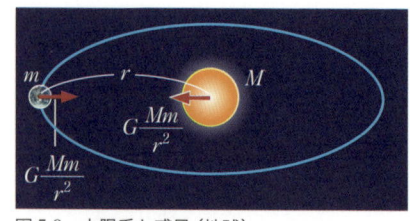

図5.8 太陽系と惑星（地球）

(5.6) 式, (5.7) 式, (5.19) 式より

$$m\left(\frac{d^2r}{dt^2} - r\left(\frac{d\theta}{dt}\right)^2\right) = -G\frac{Mm}{r^2} \tag{5.29}$$

$$m\left(\frac{1}{r}\frac{d}{dt}\left(r^2\frac{d\theta}{dt}\right)\right) = 0 \tag{5.30}$$

である。したがって, (5.29) 式は, r に関する微分方程式と考えて

$$\frac{d^2r}{dt^2} - r\left(\frac{d\theta}{dt}\right)^2 = -G\frac{M}{r^2} \tag{5.31}$$

また, (5.30) 式は **C** 項の議論から, 面積速度一定を示しているので, (5.21)式からもわかるように,

$$r^2\frac{d\theta}{dt} = 2S \quad (S \text{ は定数}) \tag{5.32}$$

である。(5.31) 式 , (5.32) 式を連立することで, 軌道 r を求めよう。r を θ の関数, θ を t の関数と考えて,

$$\frac{dr}{dt} = \frac{dr}{d\theta}\frac{d\theta}{dt} \tag{5.33}$$

ここで, (5.32) 式より,

$$\frac{d\theta}{dt} = \frac{2S}{r^2} \tag{5.34}$$

であるから,

$$\frac{dr}{dt} = \frac{dr}{d\theta}\frac{2S}{r^2} \tag{5.35}$$

ここで, 式変形を簡潔にするために,

$$u = \frac{1}{r} \quad \left(r = \frac{1}{u}\right) \tag{5.36}$$

という関数 u を導入する。すると, (5.34) 式は,

5 中心力と惑星の運動

$$\frac{d\theta}{dt} = 2Su^2 \tag{5.37}$$

また，(5.35) 式は，

$$\frac{dr}{dt} = \frac{dr}{d\theta} \cdot 2Su^2 = \frac{dr}{du}\frac{du}{d\theta} \cdot 2Su^2$$

$$= -\frac{1}{u^2}\frac{du}{d\theta} \cdot 2Su^2 \quad \left(\because dr = -\frac{1}{u^2}du\right)$$

$$= -2S\frac{du}{d\theta} \tag{5.38}$$

となる。ここで，(5.31) 式の第 1 項目は，

$$\frac{d^2r}{dt^2} = -2S\frac{d^2u}{d\theta^2}\frac{d\theta}{dt} = -4S^2u^2\frac{d^2u}{d\theta^2} \quad (\because (5.37)\text{式}) \tag{5.39}$$

となる。したがって，(5.31) 式は，

$$-4S^2u^2\frac{d^2u}{d\theta^2} - \frac{1}{u}(2Su^2)^2 = -GMu^2 \quad \therefore \quad \frac{d^2u}{d\theta^2} + u = \frac{GM}{4S^2} \tag{5.40}$$

となり，u すなわち $\frac{1}{r}$ について容易な微分方程式ができあがる。(5.40) 式の右辺を 0 として考えると，$u = A\cos\theta$ が解であり (A は定数)，また $u = \frac{GM}{4S^2}$ は解であるから，u の解として，

$$u = A\cos\theta + \frac{GM}{4S^2} \tag{5.41}$$

とおくことができる。したがって，

$$r = \frac{1}{u} = \frac{1}{A\cos\theta + \dfrac{GM}{4S^2}} = \frac{4S^2}{GM}\frac{1}{1+\varepsilon\cos\theta}$$

$$\text{ただし，} \varepsilon = \frac{4S^2A}{GM} \tag{5.42}$$

となる。この式を (5.28) 式と比較すると，$\varepsilon = \dfrac{c}{a} < 1$ を満たすとき，この式は極

座標における楕円の方程式を示すことになる。したがって、ケプラーの第一法則は、万有引力のもとでの運動として示されたことになる。参考までに、$A=0$、すなわち r が一定であるとき、$\varepsilon=0$ となり、円運動を示している。なお、$\varepsilon=1$ の場合は放物運動、$\varepsilon>1$ の場合は双曲線上の運動を表している（**例題 5-4** 参照）。

F ポテンシャル

　万有引力に基づくポテンシャルは、2.4節で学んだ定義から次式のように求められる。

$$U = -\int F dr = -\int_{\infty}^{r}\left(-G\frac{Mm}{r^2}\right)dr = -G\frac{Mm}{r} \tag{5.43}$$

この場合は、無限遠を基準とするポテンシャルである。すなわち、無限遠でのポテンシャルが U の最大値で $U=0$ である。ここでも当然、物体には、ポテンシャルが減少する向きに万有引力が働くことを表している（**図 5.9** 参照）。

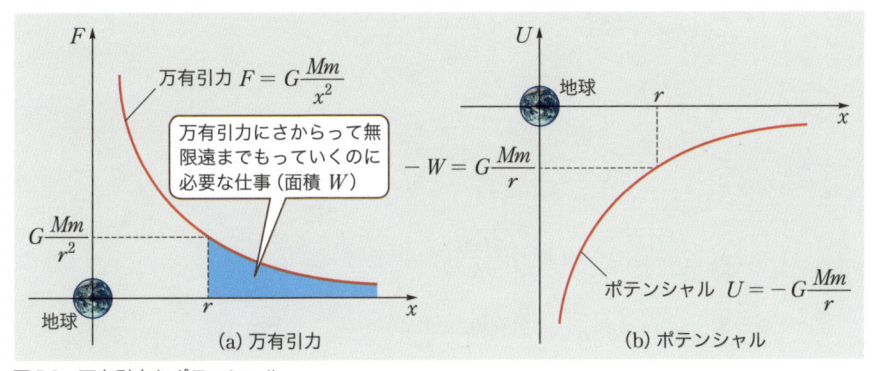

図 5.9　万有引力とポテンシャル

　以上より、万有引力のもとで速さ v で運動する物体に対する力学的エネルギーは、

$$E = \frac{1}{2}mv^2 + \left(-G\frac{Mm}{r}\right) \tag{5.44}$$

と書け、E は一定に保たれる（**例題 5-5** 参照）。

例題5-4　地球表面から投げ出された物体の軌道

地球表面から水平方向に初速度 v_0 で質点を投げたとき，質点の軌道は v_0 の値によってさまざまに異なった軌道をとる。大気の影響，地球の自転は無視できるものとしてどのような軌道をとるか説明しなさい。なお，極座標表示で，軌道は一般に，

$$u = \frac{1}{r} = A\cos\theta + \frac{GM}{4S^2}$$

と書けるものとする。ただし，S：面積速度，G：万有引力定数，M：地球の質量，A：任意の定数とする。必要ならば，地球の半径を R とする。

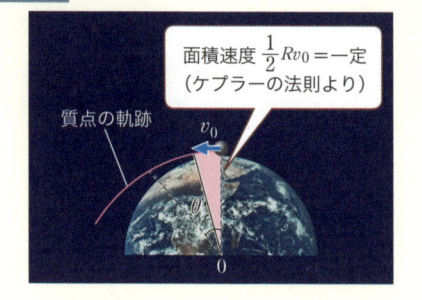

● 解答

投げ出した点を $\theta=0$ とすると，このとき，$r=R$ である。また，このとき，面積速度は $S = \frac{1}{2}Rv_0$ なので，

$$\frac{1}{R} = A\cdot 1 + \frac{GM}{R^2v_0^2} \qquad \therefore\ A = \frac{1}{R} - \frac{GM}{R^2v_0^2}$$

$$\therefore\ r = \frac{1}{A\cos\theta + \frac{GM}{4S^2}} = \frac{\frac{R^2v_0^2}{GM}}{1 + \left(\frac{Rv_0^2}{GM} - 1\right)\cos\theta}$$

ここで，$\varepsilon = \frac{Rv_0^2}{GM} - 1$ とすると

・$\varepsilon = 0$ のとき　$v_0 = \sqrt{\frac{GM}{R}}$：地面すれすれを円運動（図①）。

・$\varepsilon < 1$ のとき　$\sqrt{\frac{GM}{R}} < v_0 < \sqrt{\frac{2GM}{R}}$：楕円軌道（図②）。

・$\varepsilon = 1$ のとき　$v_0 = \sqrt{\frac{2GM}{R}}$：放物運動（図③）。

・$\varepsilon > 1$ のとき　$v_0 > \sqrt{\frac{2GM}{R}}$：双曲線の軌道（図④）。

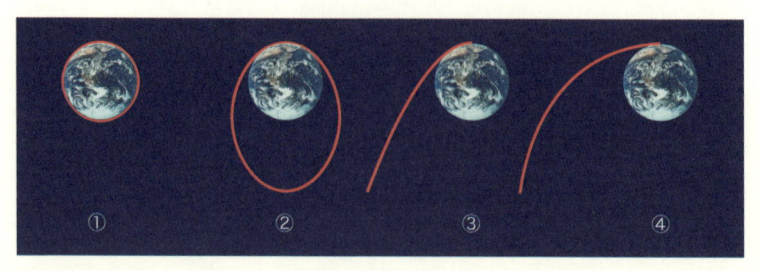

例題 5-5　力学エネルギーの保存則の導出

極座標における運動方程式 ((5.29) 式)

$$m\frac{d^2r}{dt^2} - mr\left(\frac{d\theta}{dt}\right)^2 = -G\frac{Mm}{r^2}$$

より，力学的エネルギー保存則を導きなさい．

● 解答

(5.21) 式より面積速度は $S = \frac{1}{2}r^2\frac{d\theta}{dt}$ であるから，$\frac{d\theta}{dt} = \frac{2S}{r^2}$

よって，運動方程式は

$$m\frac{d^2r}{dt^2} - m\frac{4S^2}{r^3} = -G\frac{Mm}{r^2}$$

となる．両辺に $\frac{dr}{dt}$ をかけると

$$m\frac{d^2r}{dt^2}\frac{dr}{dt} = \left(\frac{4mS^2}{r^3} - G\frac{Mm}{r^2}\right)\frac{dr}{dt}$$

$$\therefore\ \frac{1}{2}m\frac{d}{dt}\left(\frac{dr}{dt}\right)^2 = \left(\frac{4mS^2}{r^3} - G\frac{Mm}{r^2}\right)\frac{dr}{dt}$$

$$\therefore\ \frac{1}{2}md\left(\frac{dr}{dt}\right)^2 = \left(\frac{4mS^2}{r^3} - G\frac{Mm}{r^2}\right)dr$$

積分して

$$\frac{1}{2}m\left(\frac{dr}{dt}\right)^2 = -\frac{4mS^2}{2r^2} + G\frac{Mm}{r} + C\quad (C：積分定数)$$

$$\therefore\ \frac{1}{2}m\left\{\left(\frac{dr}{dt}\right)^2 + \frac{4S^2}{r^2}\right\} - G\frac{Mm}{r} = 一定$$

ここで，$\frac{4S^2}{r^2} = r^2\left(\frac{d\theta}{dt}\right)^2$ であるから

$$\frac{1}{2}m\left\{\left(\frac{dr}{dt}\right)^2 + r^2\left(\frac{d\theta}{dt}\right)^2\right\} - G\frac{Mm}{r} = 一定$$

ここで，$v_r = \frac{dr}{dt},\ v_\theta = r\frac{d\theta}{dt}$ より

$$\frac{1}{2}m(v_r^2 + v_\theta^2) - G\frac{Mm}{r} = 一定$$

$$\therefore\ \frac{1}{2}mv^2 - G\frac{Mm}{r} = 一定$$

演習問題

5-1
(1) 第1宇宙速度を運動方程式から導き，例題5-4の $\varepsilon = 0$ の場合と一致することを確認しなさい．
(2) 第2宇宙速度を力学的エネルギー保存則より導き，例題5-4の $\varepsilon = 1$ の場合と一致することを確認しなさい．

5-2
質量 m の質点が大きさ $f(r)$ の中心力を受けて運動するとき，軌道の方程式が，
$$u = \frac{1}{r}, \quad r^2 \frac{d\theta}{dt} = h$$
とするとき
$$\frac{d^2 u}{d\theta^2} + u = -\frac{1}{mh^2 u^2} f\left(\frac{1}{u}\right)$$
と表されることを示しなさい．

5-3
質点が，極座標表示で，
$$r = \frac{1}{u} = \frac{1}{1 + \varepsilon \cos\theta}$$
と表される楕円軌道をとるとき，質点に働く中心力の大きさが距離の2乗に反比例することを示しなさい．このとき，演習問題5-2の結果を用いなさい．

5-4
右図のように，地球を半径 R の一様な密度の球と仮定する．この地球の直径を貫通する直線上の細いなめらかな穴を開け，その中に質量 m の質点を入れるとき，以下の問いに答えなさい．ただし，地球表面上での重力加速度を g とする．

(1) 地球の中心から距離 x の位置にあるときの，この質点の運動方程式を書きなさい．
(2) (1)の結果から，この質点がどのような運動をするか説明しなさい．

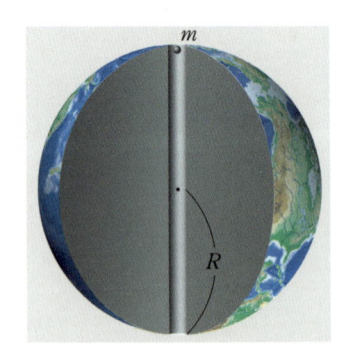

6. 束縛運動

CONSTRAINED MOTION

レーシングカー

　レーシングカーがコース上を走ることができるのは，タイヤと路面の間に摩擦力が働くからである。もし摩擦力がなければ，コースアウトするどころか，クルマは発車することすらできない。
　この章では，質点の運動が特定の線上，または面上のみに限定される場合を扱う。質点の運動を線上，あるいは面上に限定する束縛条件がどのように表記できるのかを理解し，垂直抗力，摩擦力について考える。また，円周上での束縛にも触れ，円壁運動を学ぶ。

6.1 垂直抗力と摩擦力

A 垂直抗力

最初は簡単な問題として，水平面上の物体の運動を考えよう。水平面上に質量 m の物体をおく。この物体には当然，重力 mg が働くが，それ以外の力として，物体が面上にあることから，面から力を受けている。これらの力の合力が 0 となることで，物体は静止することができている。この面から受ける力のことを**抗力**とよぶ。特に，面と垂直な方向(面と法線方向)の力のことを**垂直抗力**という。

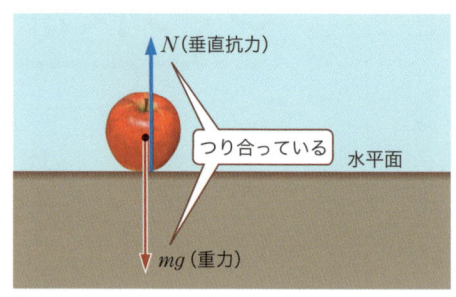

図 6.1 水平面上の物体にかかる垂直抗力

この力が，物体の運動を面上に限定するうえで重要な役割を果たしている。つまり，重力とこの垂直抗力がつねにつり合っているので，この物体は面の中に沈み込むことなく，面から浮き上がることもなく，また，もし運動するのであれば，この水平面上にかぎられる，ということになるのである。

図 6.1 の場合には，垂直抗力 N は，力のつり合いから

$$N = mg \tag{6.1}$$

となる。

次に，図 6.2 のように水平面とのなす角が θ の斜面で考える。この場合は，物体が斜面から受ける力のうち，斜面に垂直な力が垂直抗力である。すなわち，物体が静止していようと，斜面を滑り降りていようと，物体は，斜面にくい込むことなく，斜面から離れることなく運動する

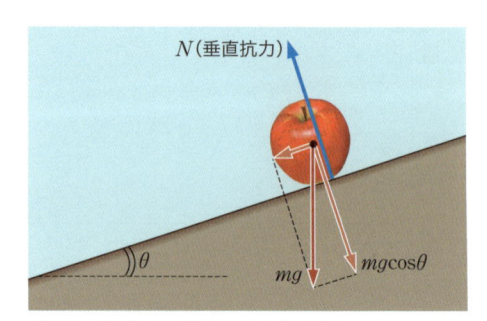

図 6.2 斜面上の物体にかかる垂直抗力

ので，斜面に垂直な方向の力のつり合いから，次式のようになる。

$$N = mg\cos\theta \tag{6.2}$$

B 摩擦力

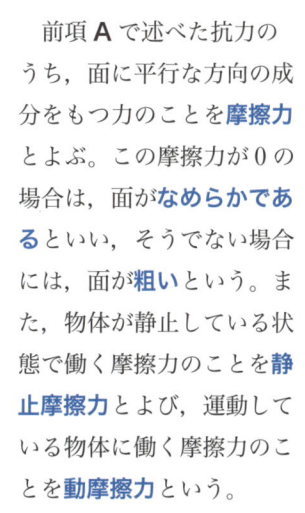

前項 A で述べた抗力のうち，面に平行な方向の成分をもつ力のことを**摩擦力**とよぶ。この摩擦力が 0 の場合は，面が**なめらかである**といい，そうでない場合には，面が**粗い**という。また，物体が静止している状態で働く摩擦力のことを**静止摩擦力**とよび，運動している物体に働く摩擦力のことを**動摩擦力**という。

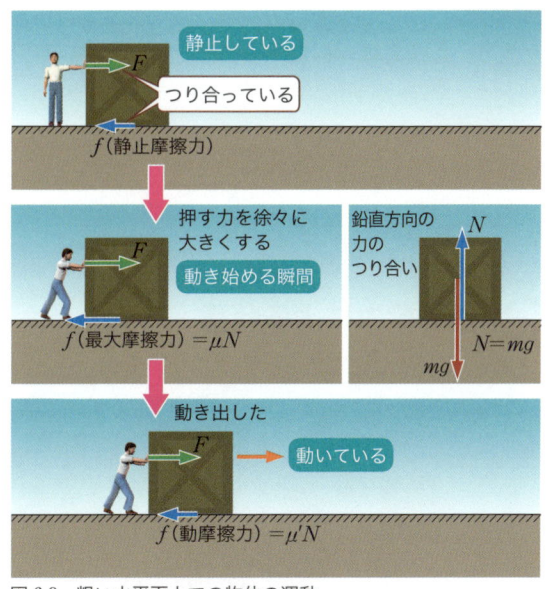

いま，粗い水平面上に，質量 m の物体がおかれているとする（**図6.3**）。これに，力 F を働かせて，物体を押す。しかし，F が小さいときには，摩擦力のため物体は静止したままである。このとき物体に働く摩擦力が，静止摩擦力であり，摩擦力の大きさを f とすると，力のつり合いより

$$f = F \tag{6.3}$$

である。しかし，徐々に F を大きくしていくと物体が動き始める瞬間があり，このときが静止摩擦力の最大値となる。この摩擦力のことを特に，**最大摩擦力**とよんでいる。最大摩擦力は，接触面積などには依存せず垂直抗力 N にのみ依存し，比例定数を μ として，

$$f = \mu N \tag{6.4}$$

が成り立つことがわかっている。この比例定数 μ のことを**静止摩擦係数**という。

また，いったん動き始めた物体には，今度は動摩擦力が働く。経験上わかっていることだが，一般には動摩擦力のほうが静止摩擦力より小さい。すなわち，動き始める直前より小さい力で動かすことができる。この動摩擦力も，静止摩擦力と同様に垂直抗力にしか依存せず，

6 束縛運動

$$f = \mu' N \tag{6.5}$$

と書け，比例定数 μ' は**動摩擦係数**とよばれている．一般に

$$\mu' < \mu \tag{6.6}$$

が成立する．

C 動摩擦力による仕事

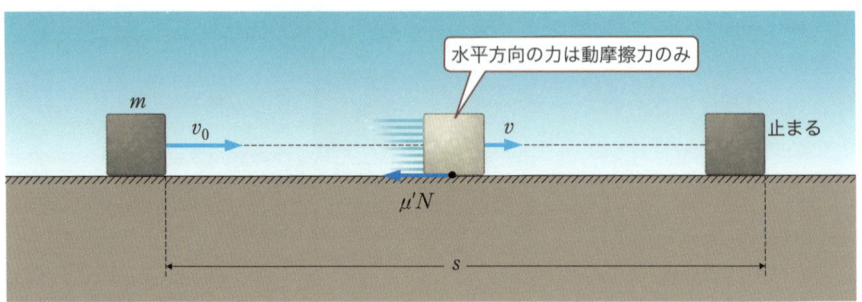

図 6.4 動摩擦力による仕事

図 6.4 に示すように，質量 m の物体が，粗い水平面上におかれ，初速度 v_0 を与えられたとする．この物体は，右方向へ滑り，距離 s だけ進んで静止した．ここで，運動エネルギーと仕事の関係式 ((2.23) 式) より

$$0 - \frac{1}{2}mv_0^2 = \int -\mu N dx = -\mu N s$$

となる．動摩擦力は，物体進行方向とつねに逆向きに働くため，動摩擦力のする仕事は必ず負となり，たとえば，上記の例では，運動エネルギーが減少することになる．一般に，この減少分は，大部分が熱エネルギーとなる．したがって，移動した経路の長さによって，仕事が決まるので，ある点から出発して別の点まで行き，行きと異なる経路で，ふたたびもとの点に戻るときの仕事はその経路のとり方で違ってくる．よって，動摩擦力は保存力ではない (第 2 章参照)．

6.1 垂直抗力と摩擦力

摩擦力　　　COLUMN ★

粗い床面上に物体を置き，水平方向に力 F でこの物体を引っ張るとき，物体に働く摩擦力 f の大きさは右図のようになる。すなわち，物体が静止しているときは，力のつり合いから，$F = f$ がつねに成立する。物体がぎりぎり止まっていることができる状態（静止極限）で摩擦力は最大摩擦力となり，このとき $F = f = \mu N$（μ：静止摩擦係数，N：垂直抗力）となる。この F より大きな力で引っ張ると，物体は加速度運動を始めるが，このとき f は動摩擦力 $f = \mu' N$（μ'：動摩擦係数）となり，物体に働く力や，物体の速度に依存せずつねに一定の値をとる。このとき，一般に $\mu > \mu'$ が成立する。これは，日常生活の中でもよく経験する事実である。床に置かれた物体を動かし始めるのは大変でも，いったん動いてしまえば，やや楽に移動させることができる。これは，動摩擦力のほうが小さいからである。

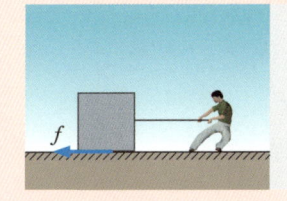

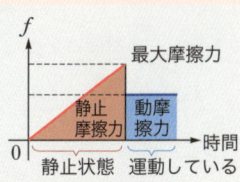

車のブレーキに，ABS装置というものがある。これは，アンチロック・ブレーキ・システムの頭文字からとったものである。この装置がなければ，急ブレーキを踏んだとき，タイヤはロックされて回転しなくなる。そのため，ハンドルを操作しても車はそれと関係なしに直進してしまう。車がハンドルを操作した通りに動くのは，タイヤが回転するからである。そのタイヤの回転を止めると，ハンドルを切ること自体が無意味になってしまうのである。そこで，ABS装置は，タイヤのロックを感知すると，自動的・瞬間的にブレーキを少しゆるめたり強くしたりして，タイヤを少しずつ回転させ，ハンドル制御が効くようにする。このとき，タイヤがロック状態と回転状態を交互に繰り返すために，路面との摩擦も動摩擦と最大摩擦が交互に現れることになり，制動距離が短くなり早く車を止めることができるようになる。タイヤがロックしたままだと，動摩擦力のみを用いて車を止めなくてはならないが，ABS装置では最大摩擦力も利用しているのである。このため，特別な状況（砂上やアイスバーン上など）を除いては，ABS装置が付いている車のほうが，制動距離が短く，しかもブレーキをいっぱいに踏んでもハンドルの制御が有効になるという利点がある。

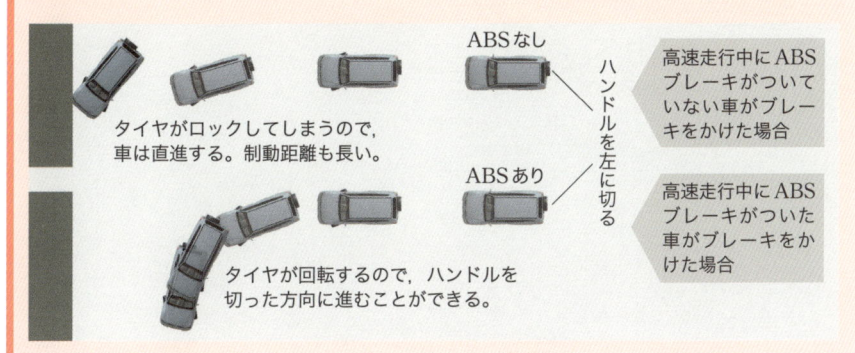

ABSなし　タイヤがロックしてしまうので，車は直進する。制動距離も長い。

ABSあり　タイヤが回転するので，ハンドルを切った方向に進むことができる。

ハンドルを左に切る

高速走行中にABSブレーキがついていない車がブレーキをかけた場合

高速走行中にABSブレーキがついた車がブレーキをかけた場合

例題6-1　最大摩擦力

傾斜角 θ の粗い斜面上に，質量 m の物体が図のように，力 F を受けて静止している。斜面と力 F の向きのなす角は，斜面の傾斜角 θ と同じである。物体が動き出さないための，力 F の範囲を求めなさい。ただし，重力加速度を g，静止摩擦係数を μ とする。

● 解答

斜面上方へ動き出さない限界を考える。垂直抗力 N は，斜面に垂直な方向の力のつり合いより

$$N = mg\cos\theta - F\sin\theta$$

であるから，斜面に平行な方向の力のつり合いより

$$F\cos\theta = mg\sin\theta + \mu N = mg\sin\theta + \mu(mg\cos\theta - F\sin\theta)$$

のときが限界である。これより

$$F = \frac{\sin\theta + \mu\cos\theta}{\cos\theta + \mu\sin\theta}mg$$

一方，斜面下方へ動き出さない限界は同様に考えると

$$F\cos\theta + \mu N = mg\sin\theta$$

$$\therefore \quad F\cos\theta + \mu(mg\cos\theta - F\sin\theta) = mg\sin\theta$$

$$\therefore \quad F = \frac{\sin\theta - \mu\cos\theta}{\cos\theta - \mu\sin\theta}mg$$

以上より，求める範囲は

$$\frac{\sin\theta - \mu\cos\theta}{\cos\theta - \mu\sin\theta}mg \leq F \leq \frac{\sin\theta + \mu\cos\theta}{\cos\theta + \mu\sin\theta}mg$$

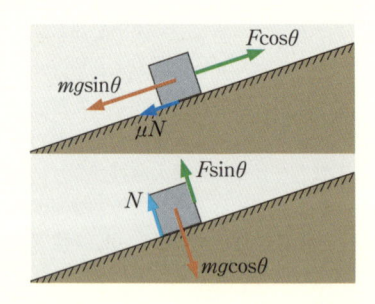

6.1 垂直抗力と摩擦力

例題6-2　動摩擦力による仕事

ある質点を，粗い水平面上で初速度 v で面に沿って滑らせたところ距離 s だけ滑って止まった。このとき，初速度 v は，動摩擦係数 μ'，距離 s，および重力加速度 g を用いて表すことができ，質点の質量には依存しないことを示しなさい。

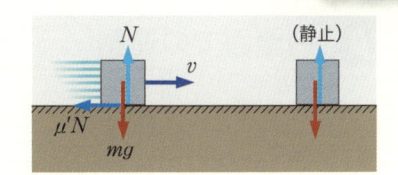

● 解答

仕事とエネルギーの関係より

$$0 - \frac{1}{2}mv^2 = -\mu' N \cdot s$$

ここで，力のつり合いより $N = mg$ であるから，上式より

$$-\frac{1}{2}mv^2 = -\mu' mg \cdot s \qquad \therefore \quad v = \sqrt{2\mu' g s}$$

となり質量には依存しない。

例題6-3　動摩擦力と重力による仕事

傾斜角 θ の粗い斜面がある。斜面下方から，質量 m の質点を初速度 v で斜面に沿って打ち出した。質点は，斜面に沿って上昇し，距離 s だけ進んで静止した。このとき s を，v，θ，動摩擦係数 μ'，重力加速度 g を用いて表しなさい。

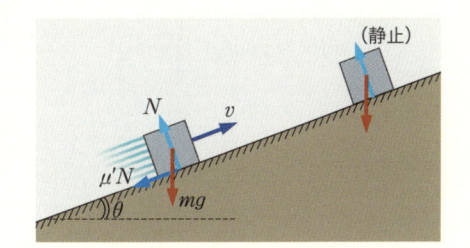

● 解答

質点に働く垂直抗力 N は

$$N = mg\cos\theta$$

である。仕事とエネルギーの関係より

$$0 - \frac{1}{2}mv^2 = -(mg\sin\theta + \mu' N)s$$

$$\therefore \quad s = \frac{mv^2}{2(mg\sin\theta + \mu' N)} = \frac{v^2}{2g(\sin\theta + \mu'\cos\theta)}$$

6.2 さまざまな束縛運動

A 円壁面での運動

図 6.5 に示すように，なめらかな水平面と半径 r のなめらかな円壁面が点 A で接続された面があり，ここに左方向から質量 m の質点を速さ v で入射させることを考える。このとき，円壁面で束縛力（ここでは，垂直抗力）を受け，質点は，円壁面に沿って上り始める。このとき，初速 v の条件によって運動形態はさまざまに変化する。その様子を考えてみる。

面からの垂直抗力は仕事をしないので，点 A と点 B でエネルギー保存則を考えることにより，

$$\frac{1}{2}mv^2 = mgr + \frac{1}{2}mv_B^2$$

$$\therefore v_B = \sqrt{v^2 - 2gr}$$

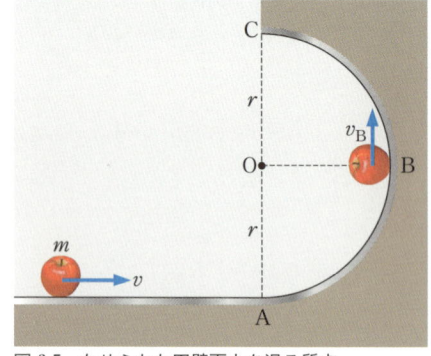

図 6.5　なめらかな円壁面上を滑る質点

となる。したがって，初速が $v > \sqrt{2gr}$ では，点 B より上まで到達できることになり，$v < \sqrt{2gr}$ では，点 B までたどり着けずに，ふたたび，円壁面に沿って点 A へ戻る運動となる（図 6.6）。

(a) $v > \sqrt{2gr}$　　(b) $v < \sqrt{2gr}$

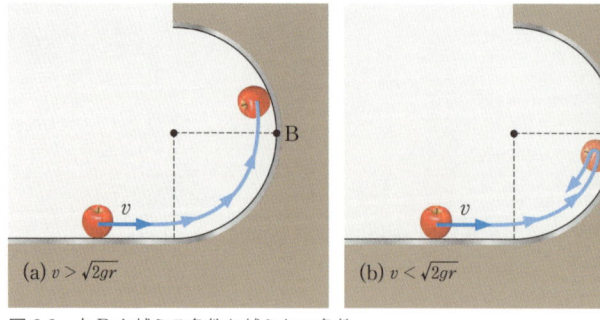

図 6.6　点 B を越える条件と越えない条件

6.2 さまざまな束縛運動

さて，次に，$v > \sqrt{2gr}$ すなわち，点Bよりも上方へ運動する場合を考えよう。この場合，質点の速さが小さすぎると，BC間で円壁面より離れてしまう可能性がある。すなわち，BC間で垂直抗力が0となる可能性がある。質点が円壁面に沿って点Cまでたどり着けるためには，点Cの垂直抗力が正の値をもつことが条件となる。質点が点Cにあるときの運動方程式は，図 6.7 から，

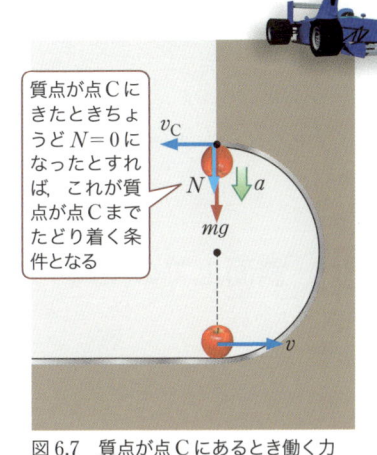

$$ma = mg + N \tag{6.7}$$

図 6.7 質点が点 C にあるとき働く力

となる。ここで，円運動であるから r は一定であり，また点Cでの速さを v_C とすると，加速度 a の大きさは，

$$a = r\left(\frac{d\theta}{dt}\right)^2 = r\omega^2 = \frac{v_C^2}{r} \qquad (\because v = r\omega) \tag{6.8}$$

となる。質点が点Cにたどり着く限界を考えて，$N = 0$ とすると，(6.7) 式，(6.8) 式より，

$$m\frac{v_C^2}{r} = mg \quad \therefore \quad v_C = \sqrt{gr} \tag{6.9}$$

となり，少なくとも点Cにおいて，$\sqrt{gr}$ の速さをもっていなければ，円壁面に沿って点Cを通過できないことになる。この限界値 $v_C = \sqrt{gr}$ のとき，v はエネルギー保存則より，

$$\frac{1}{2}mv^2 = \frac{1}{2}m(\sqrt{gr})^2 + mg(2r)$$
$$\therefore \quad v = \sqrt{5gr} \tag{6.10}$$

となる。以上より，この束縛運動の現象をまとめると，図 6.8 のようになる。

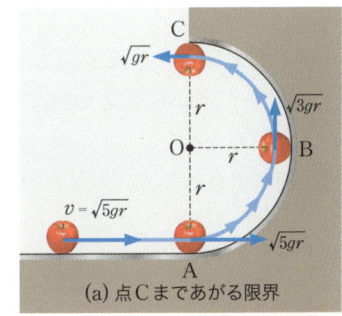

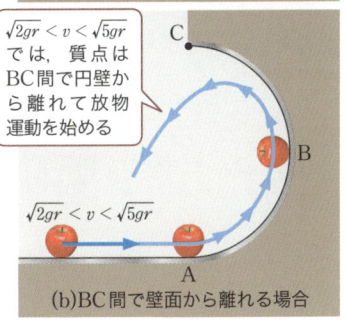

図 6.8 円壁面上での束縛運動のまとめ

B 斜面上での束縛

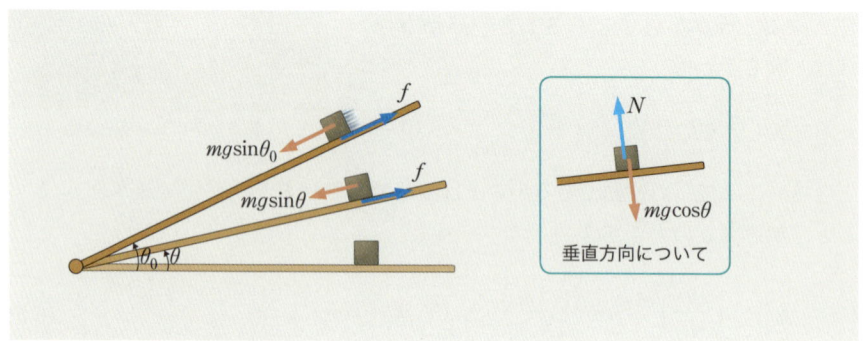

図 6.9 斜面上で質点に働く摩擦力

水平面上に，点 O を支点として自由に斜面の角度を変えることのできる粗い板があり，その上に質量 m の物体が静止している場合を考えよう（**図 6.9**）。$\theta=0$ から，徐々に θ を大きくしていく場合，物体が摩擦力によって静止している状態では，斜面方向の力のつり合いから，物体に働く摩擦力 f は

$$f = mg\sin\theta \tag{6.11}$$

である。さらに，θ を大きくしていくと，$\theta=\theta_0$ で物体が斜面上で滑り始めた。このとき，摩擦力は最大摩擦力となっているので，

$$f = mg\sin\theta_0 = \mu N \tag{6.12}$$

となる。ここで，斜面に垂直な方向の力のつり合いより，$N = mg\cos\theta_0$ であるから，摩擦力は

$$f = mg\sin\theta_0 = \mu mg\cos\theta_0 \tag{6.13}$$

となり，これより，

$$\mu = \tan\theta_0 \tag{6.14}$$

と書ける。この θ_0 のことを**摩擦角**とよび，滑り始めるときの角度は，静止摩擦係数によって決まり，物体の質量などには依存しないことがわかる。

C 円錐振り子（糸による束縛）

糸の一端を天井に固定し，他端に質量 m の質点を取り付け，質点を水平面内で等速円運動をさせる（**図6.10**）。糸の長さを l，半頂角を θ とするとき，この円錐振り子の周期を計算してみよう。糸の張力を S とすると，質点の鉛直方向の力のつり合いより，

$$mg = S\cos\theta \tag{6.15}$$

一方，円運動の半径が，$r = l\sin\theta$ であることから，円運動の運動方程式より，

$$m(l\sin\theta)\omega^2 = S\sin\theta \tag{6.16}$$

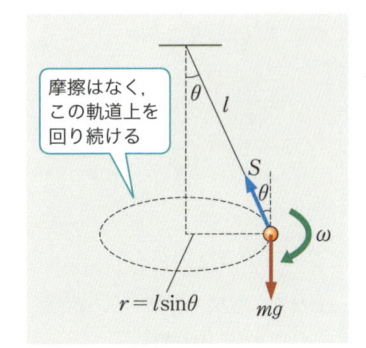

図6.10 円錐振り子

2式より，糸の張力 S を消去して，ω を求めると

$$\omega = \sqrt{\frac{g}{l\cos\theta}} \tag{6.17}$$

となり，この円錐振り子の周期 T は，

$$T = \frac{2\pi}{\omega} = 2\pi\sqrt{\frac{l\cos\theta}{g}} \tag{6.18}$$

となる。このことより，周期 T は，重力加速度を一定値と考えると，糸の長さ l と半頂角 θ にのみ依存した値をもち，質点の質量に依存しないことがわかる。

例題6-4　半球上の物体の運動

半径 r のなめらかな半球面がある。この半球面の頂点から水平方向に初速度 v_0 で質点を打ち出したところ，点Cで球面から離れ，放物運動した。点Cの位置を図の角 θ で表すとき，$\cos\theta$ を v_0 の関数として表しなさい。また，これより，初速度0のときの $\cos\theta$ の値を求めなさい。さらに，球面の頂上でただちに離れるための v_0 の最小値を重力加速度の大きさ g を含む式で求めなさい。

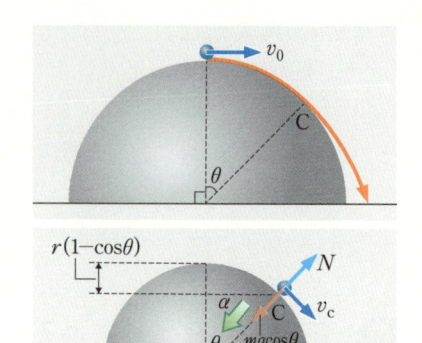

● 解答

点Cでの運動方程式は

$$m\frac{v_c^2}{r} = mg\cos\theta - N \quad \left(a = \frac{v_c^2}{r}\right)$$

ただし，v_c は点Cでの速さ，N は点Cでの垂直抗力である。点Cで離れるので，$N=0$ とすると

$$v_c^2 = gr\cos\theta$$

となる。一方，エネルギー保存則より　$\frac{1}{2}mv_0^2 + mgr(1-\cos\theta) = \frac{1}{2}mv_c^2$
これに v_c^2 を代入すると

$$v_0^2 + 2gr(1-\cos\theta) = gr\cos\theta$$

$$\therefore \quad \cos\theta = \frac{1}{3}\left(2 + \frac{v_0^2}{gr}\right)$$

この式において，初速を0とすると，$\cos\theta = \frac{2}{3}$

球面の頂上でただちに離れるときは，$\theta=0$ として

$$1 = \frac{1}{3}\left(2 + \frac{v_0^2}{gr}\right) \quad \therefore \quad v_0 = \sqrt{gr}$$

例題6-5　摩擦角と斜面上の物体

傾斜角 α の粗い斜面がある。この斜面上に物体をおき，水平方向に図のように力 F を加えて，物体を静止させた。このとき，F の範囲が，

$$mg\tan(\alpha-\theta) < F < mg\tan(\alpha+\theta)$$

となることを示しなさい。ただし，g は重力加速度であり，θ は摩擦角である。

6.2 さまざまな束縛運動

● 解答

静止摩擦係数を μ とすると，斜面上向きに動き始めるときの限界を考えて

$$F\cos\alpha = mg\sin\alpha + \mu N$$
$$= mg\sin\alpha + \mu(mg\cos\alpha + F\sin\alpha)$$
$$\therefore F = \frac{\sin\alpha + \mu\cos\alpha}{\cos\alpha - \mu\sin\alpha}mg$$

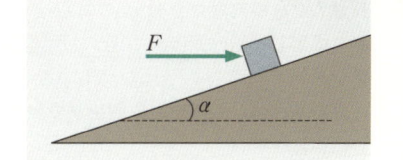

ここで $\mu = \tan\theta$ より

$$F = \frac{\sin\alpha\cos\theta + \cos\alpha\sin\theta}{\cos\alpha\cos\theta - \sin\alpha\sin\theta}mg = \frac{\sin(\alpha+\theta)}{\cos(\alpha+\theta)}mg = mg\tan(\alpha+\theta)$$

同様に斜面下向きを考えると

$$F = \frac{\sin\alpha - \mu\cos\alpha}{\cos\alpha + \mu\sin\alpha}mg = \frac{\sin\alpha\cos\theta - \cos\alpha\sin\theta}{\cos\alpha\cos\theta + \sin\alpha\sin\theta}mg = mg\tan(\alpha-\theta)$$

以上より題意が証明された。

● 例題6-6　糸と棒につながれた物体の鉛直面内の円運動

糸につながれた質量 m の質点が，鉛直面内で円運動している。このような運動するための，最下点での質点の速さの最小値を求めなさい。ただし，糸の長さを l，重力加速度の大きさを g とする。また，糸を質量の無視できる棒にとりかえた場合はどうなるか，説明しなさい。

● 解答

最高点で糸の張力が 0 となるときが限界である。つまり，運動方程式より

$$m\frac{v^2}{l} = mg \quad \therefore \quad v = \sqrt{gl}$$

のときが限界である。また，エネルギー保存則より

$$\frac{1}{2}mv_0^2 = \frac{1}{2}mv^2 + mg(2l) \quad \therefore \quad v_0 = \sqrt{5gl}$$

一方，糸ではなく棒の場合は，最高点で速さが 0 であればよい。したがって，エネルギー保存則より，

$$\frac{1}{2}mv_0'^2 = mg(2l) \quad \therefore \quad v_0' = \sqrt{4gl} = 2\sqrt{gl}$$

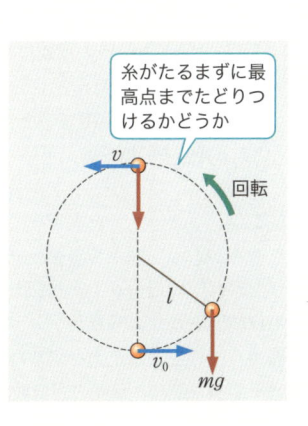

演習問題

6-1

長さ l の糸の先端に質量 m の質点を取り付け，糸の他端を固定して鉛直面内で半径 l の円運動させた。この運動では糸はたるむことはないものとする。右図のように，最下点からの質点の位置を θ で表すとき，以下の問いに答えなさい。

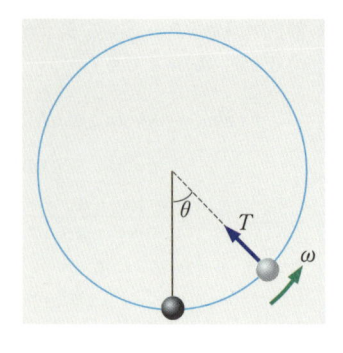

(1) 円運動の角速度 ω の最大値を ω_1，最小値を ω_2 とおくとき，$\omega = \omega_1$, $\omega = \omega_2$ をとるときの角度 θ をそれぞれ求めなさい。また，それぞれの時点での質点の力学的エネルギー E を，ω_1, ω_2 を含む式で表しなさい。ただし，重力による位置エネルギーの基準を円運動の最下点とし，重力加速度の大きさを g とする。

(2) l を g, ω_1, ω_2 を用いて表しなさい。

(3) 任意の位置 θ での角速度を ω とする。ω を ω_1, ω_2, θ を用いて表しなさい。

(4) 糸の張力の最大値を T_1，最小値を T_2 とする。張力 T が，$T = T_1$, $T = T_2$ をとるときの角度 θ をそれぞれ求めなさい。また，T_1, T_2 を ω_1, ω_2 を含む式で表しなさい。

(5) 任意の位置 θ での糸の張力 T を T_1, T_2, θ を用いて表しなさい。

6-2

右図のように，水平面から角 θ をなす粗い斜面がある。この斜面の最大傾斜線に沿って斜面上向きに，質点を初速度 v_0 で打ち出したところふたたび元の位置まで戻ってきた。重力加速度の大きさを g，動摩擦係数を μ'，静止摩擦係数を μ とする。以下の問いに答えなさい。

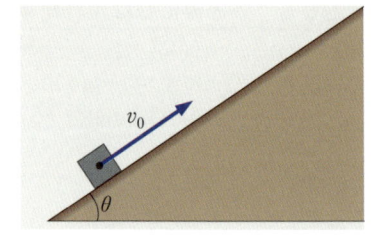

(1) 上昇時と下降時の加速度を求めなさい。

(2) 最高点でいったん停止した質点が，下降をし始めるための条件を θ と μ を用いて表しなさい。

(3) 上昇する時間を t_1，下降する時間を t_2 とするとき t_1/t_2 を θ と μ' のみを用いて表しなさい。

6-3

なめらかな水平面上で質量 m の質点が長さ l の糸につながれ，半頂角 θ で円錐振り子運動をしている。単位時間あたりの回転数が n 回のとき，質点が水平面から受ける垂直抗力を求めなさい。また，質点が水平面から離れる瞬間の回転数 n_0 を求めなさい。

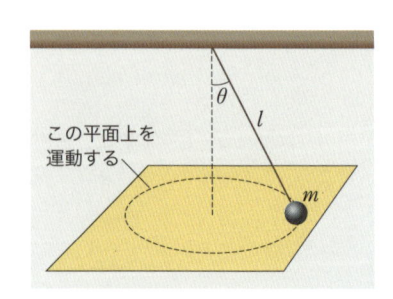

7. 相対運動と慣性力

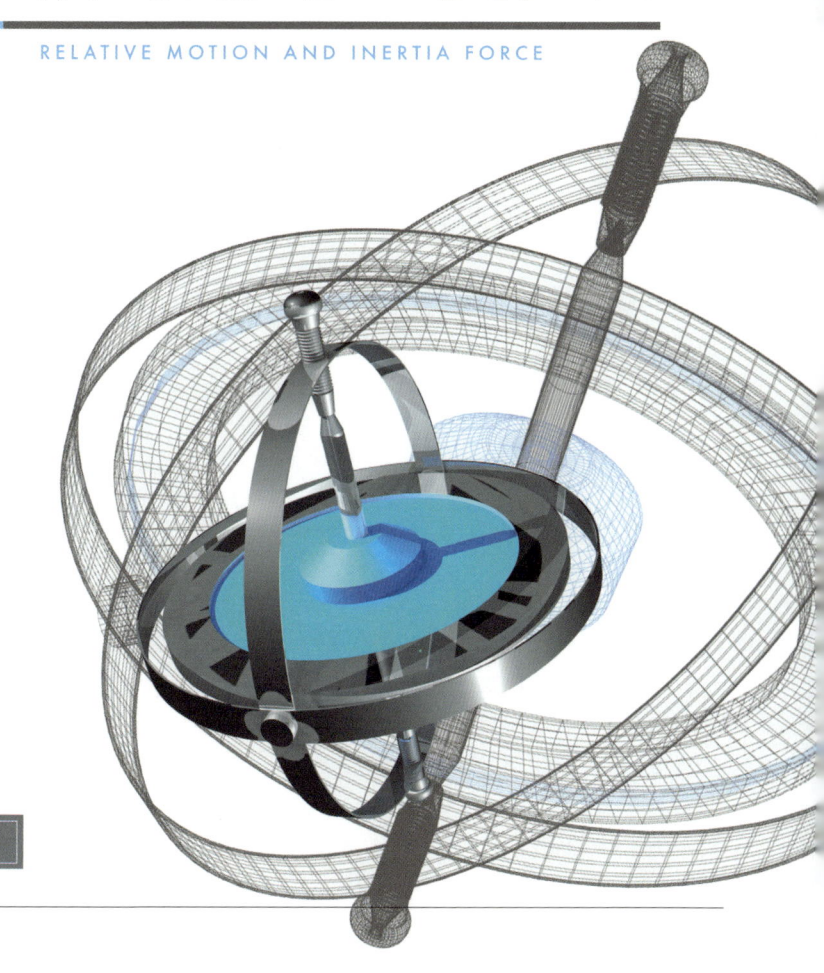

RELATIVE MOTION AND INERTIA FORCE

地球ゴマ

　この章では，並進座標系，および回転座標系における力学を考える。対象とする系が，静止系に対して，並進する場合と回転する場合で慣性力をどのように扱わなければならないのかを考える。また，日常の中での経験から，加速度運動する電車内やエレベータ内での慣性力や，円運動するときの遠心力，また，コリオリの力を学ぶ。

7.1 慣性系

A 慣性系とは

これまで学んだ運動は，地上に固定した座標系において記述されていた。この座標系のように，ニュートンの運動方程式

$$ma = F \tag{7.1}$$

が成立する座標系のことを「慣性系」という（図 7.1）。

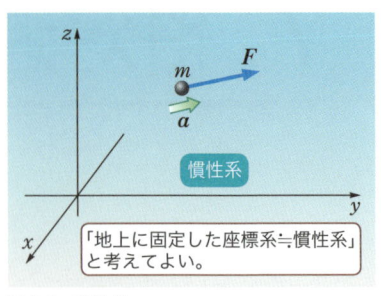

図 7.1 慣性系

地上に固定した座標系は，「静止系」とよばれるが，これは，慣性系の1つの代表であるといえる。ただし，地上といっても，実際には地球は自転，公転をしているので，近似的な慣性系といったほうがより正確である。

B 慣性系で成立する物理法則

前項 A で述べたように，これまで学んだ力学の記述は，すべて慣性系での議論であった。すなわち，慣性の法則，運動方程式，仕事とエネルギーの関係，力積と運動量の関係などが成立する座標系である。しかし，ここで注意しなくてはならないのは，たとえば「速度」という物理量を考えてみても，これは本来，相対的な量である。すなわち，慣性の法則で，

> 力が働かないときには，運動している質点は，等速度で運動し続ける

ことを学んだが，あくまでもこれは静止系から見た現象であり，仮に，観測者が静止しておらず，なんらかの運動をしている場合は，質点の運動はまた違った形で観測される場合があるはずである（図 7.2）。このことは，十分に意識していなければならない。これまで学んだ物理法則は，あくまでも慣性系で成立するものであり，観測者が何か特別な運動をする場合には，考え直さなければならないことになる。

図 7.2 静止している観測者と動いている観測者

7.2 並進座標系

A 位置ベクトル

ある任意の慣性座標系 (x, y, z)（ここでは，「静止系」として考えてよい）に対して，つねに平行に，ある加速度で移動する新たな座標系 (x', y', z') を考える。このような座標系のことを**並進座標系**という。図 7.3 のように，それぞれの座標系の原点を点 O，点 O′ とする。また，質点（鳥）の位置を点 P とする。このとき，

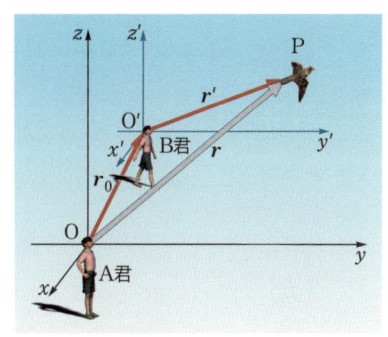

$$\mathrm{OO'} = r_0, \quad \mathrm{OP} = r, \quad \mathrm{O'P} = r'$$

図 7.3 並進座標系

とする。すなわち，図の観測者 A が見た観測者 B の位置ベクトルを r_0，観測者 A が見た質点（鳥）の位置ベクトルを r，観測者 B が見た質点（鳥）の位置ベクトルを r' とする。このように考えると，図より，

$$r = r_0 + r' \tag{7.2}$$

が成立する。

B 速度と加速度

(7.2) 式，および速度の定義から，

$$v = \frac{dr}{dt} = \frac{dr_0}{dt} + \frac{dr'}{dt} \tag{7.3}$$

となる。
ここで，$\dfrac{dr_0}{dt} = v_0$，$\dfrac{dr'}{dt} = v'$ とおくと，次式のようになる。

$$\bm{v} = \bm{v}_0 + \bm{v}' \tag{7.4}$$

$\bm{v}$：観測者 A が見た質点の速度
$\bm{v}_0$：観測者 A が見た観測者 B の速度
$\bm{v}'$：観測者 B が見た質点の速度

となる．同様に，加速度について考えると，

$$\frac{d^2\bm{r}}{dt^2} = \bm{a}, \quad \frac{d^2\bm{r}_0}{dt^2} = \bm{a}_0, \quad \frac{d^2\bm{r}'}{dt^2} = \bm{a}'$$

として，

$$\bm{a} = \bm{a}_0 + \bm{a}' \tag{7.5}$$

$\bm{a}$：観測者 A が見た質点の加速度
$\bm{a}_0$：観測者 A が見た観測者 B の加速度
$\bm{a}'$：観測者 B が見た質点の加速度

となる．これを，図で表すと図 7.4 のようになる．

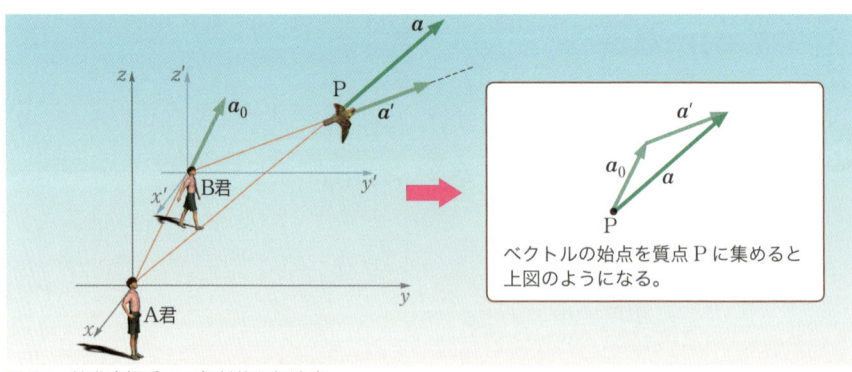

図 7.4 並進座標系での相対的な加速度

C 運動方程式と慣性力

観測者 A から見た質点，すなわち静止系での質点の運動方程式は，質点に働く力

7.2 並進座標系

を F とすると，

$$ma = F \tag{7.6}$$

となるが，ここで，a は (7.5) 式を満たしているので，観測者Aが見た質点の運動方程式は，

$$m(a_0 + a') = F \tag{7.7}$$

となる。この式は

$$ma' = F - ma_0 \tag{7.8}$$

と変形できる。質量 m の質点を加速度 a' で観測するのは観測者Bであるから，(7.8) 式は，並進座標系における運動方程式と解釈することができる。このように考えると，質点に働く力は，実際に働いている力 F だけでなく，$-ma_0$ の見かけの力が観測されることになる（図 7.5）。

この，見かけの力 $-ma_0$ の力を実際に働く力 F に加えてやれば，並進座標系であっても，静止系のように運動方程式を立てることができるのである。この見かけの力

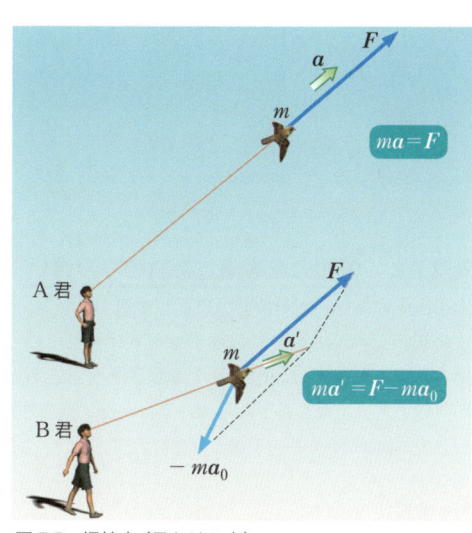

図 7.5 慣性力（見かけの力）

$-ma_0$ のことを慣性力とよんでいる。慣性力とは，電車などに乗っていて，電車が急発進すると進行方向と逆向きの力を感じる，まさにその力のことである（図 7.6）。

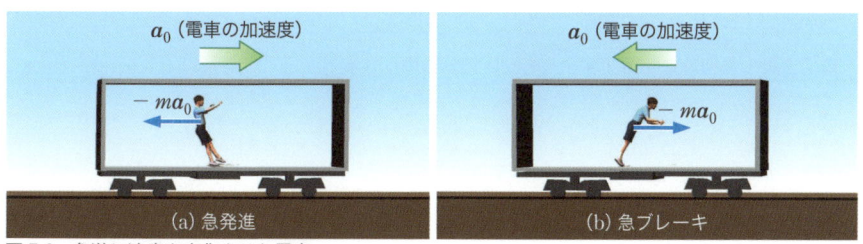

図 7.6 急激に速度を変化させた電車
(a) 急発進　　(b) 急ブレーキ

7 相対運動と慣性力

例題7-1　エレベータの慣性力

一定の加速度 α で上昇するエレベータ内で，ある質点を原点から初速度 v_0 で鉛直上方に投げ上げたところ，t_0 秒後にふたたび原点に戻ってきた。重力加速度を g として，エレベータの加速度 α を g，t_0，v_0 を用いて表しなさい。

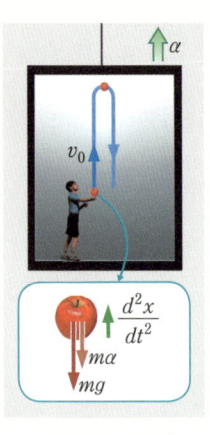

● 解答

エレベータ内に座標をとり，鉛直上方を正とすると，運動方程式は

$$m\frac{d^2x}{dt^2} = -mg - m\alpha$$

積分して　$v = \dfrac{dx}{dt} = -(g+\alpha)t + v_0$

$$x = -\frac{1}{2}(g+\alpha)t^2 + v_0 t$$

$x=0$ のとき $t=t_0$ として　$\alpha = \dfrac{2v_0}{t_0} - g$

例題7-2　慣性力を考慮した力のつり合い

水平面上に箱（右図では自動車として描いている）があり，この箱の天井から糸でおもりがつり下げられている。この箱を右方向に一定の加速度 α で運動させたところ振り子は鉛直線と角 θ をなしたところでつり合った。重力加速度を g として，$\tan\theta$ を g と α で表しなさい。

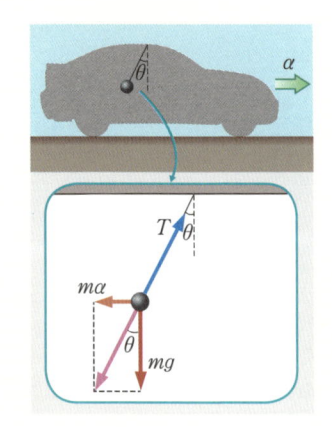

● 解答

水平，鉛直方向の力のつり合いより，糸の張力を T として，

　　水平方向：$T\sin\theta = m\alpha$
　　鉛直方向：$T\cos\theta = mg$

辺々を割って　$\tan\theta = \dfrac{m\alpha}{mg} = \dfrac{\alpha}{g}$

※図を見て幾何的に $\tan\theta = \dfrac{m\alpha}{mg}$ としても求められる。

例題7-3　慣性力を考慮した斜面上の物体

なめらかな斜面をもつ三角台の斜面上に，質量 m の質点をおく。このとき，三角台をある加速度 α で水平方向に運動させると，質点は斜面上に静止したままの状態を保つことができる。重力加速度を g，三角台の斜面の傾角を θ とするとき

(1) 質点が受ける垂直抗力 N を m, α, g, θ を用いて表しなさい。
(2) 加速度 α を g と θ のみで表しなさい。
(3) 斜面がなめらかでなく，静止摩擦係数が μ の場合，質点が静止するための α の条件を，g, θ, μ のみを用いて表しなさい。

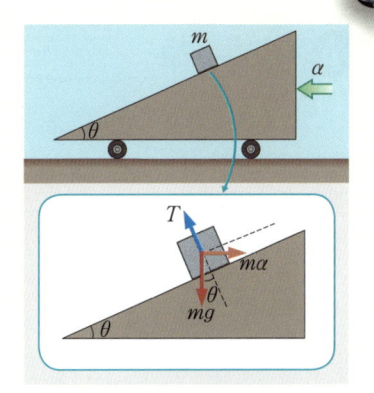

● 解答
(1) 斜面に垂直な方向の力のつり合いより

$$N = mg\cos\theta + m\alpha\sin\theta$$
$$\therefore\ N = m(g\cos\theta + \alpha\sin\theta)$$

(2) 斜面方向の力のつり合いより　　$mg\sin\theta = m\alpha\cos\theta$　　$\therefore\ \alpha = g\tan\theta$

(3) 最大摩擦力を含めて，力のつり合いを次のように場合分けして考える。
①摩擦力が斜面上向きに働くとき

$$mg\sin\theta = m\alpha_1\cos\theta + \mu \cdot m(g\cos\theta + \alpha_1\sin\theta)$$

②摩擦力が斜面下向きに働くとき

$$mg\sin\theta + \mu \cdot m(g\cos\theta + \alpha_2\sin\theta) = m\alpha_2\cos\theta$$

①より α_1 を，②より α_2 をそれぞれ求めることができる。

$\alpha_1 \leq \alpha \leq \alpha_2$ であるから

$$\frac{\sin\theta - \mu\cos\theta}{\cos\theta + \mu\sin\theta}g \leq \alpha \leq \frac{\sin\theta + \mu\cos\theta}{\cos\theta - \mu\sin\theta}g$$

7.3 回転座標系

A 座標変換

　ここでは，平面内での**等速回転座標系**を考えていこう。慣性座標系 (x, y) と等速回転座標系 (x', y') があり，等速回転座標系は，慣性座標系に対して一定の角速度 ω で回転しているとする。7.1 節と同様に，観測者 A，観測者 B を考える。ここでは，**図 7.7** に示すように，観測者 A，B ともに原点にいるが，観測者 A は原

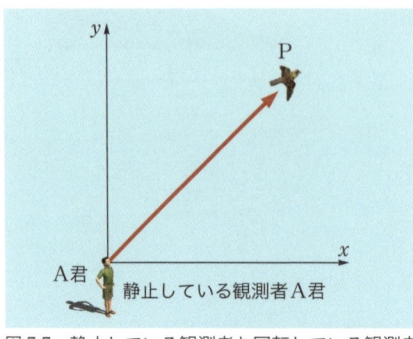

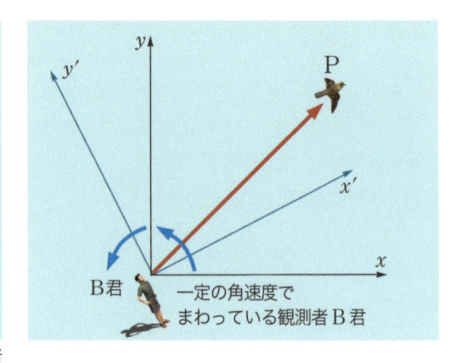

図 7.7　静止している観測者と回転している観測者

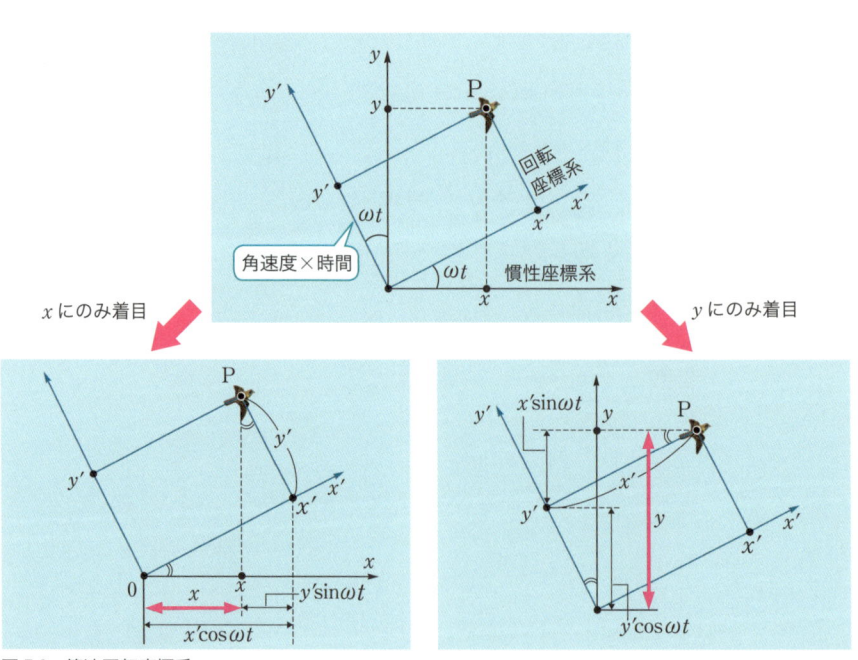

図 7.8　等速回転座標系

点で静止しており，観測者 B は一定の角速度 ω で回転している座標系にいる。

このとき，質点 P の位置が，それぞれの座標系から見て (x, y), (x', y') であるとすると，それぞれの関係は**図 7.8** より次式のようになる。

$$x = x' \cos \omega t - y' \sin \omega t \tag{7.9}$$

$$y = x' \sin \omega t + y' \cos \omega t \tag{7.10}$$

B 速度と加速度

(7.9) 式，(7.10) 式より，速度および加速度を求めることができる。以下に，慣性座標系における速度と加速度の成分をそれぞれ示す。

$$v_x = \frac{dx}{dt} = v_{x'} \cos \omega t - x' \omega \sin \omega t - v_{y'} \sin \omega t - y' \omega \cos \omega t \tag{7.11}$$

$$v_y = \frac{dy}{dt} = v_{x'} \sin \omega t + x' \omega \cos \omega t + v_{y'} \cos \omega t - y' \omega \sin \omega t \tag{7.12}$$

$$a_x = \frac{dv_x}{dt} = a_{x'} \cos \omega t - a_{y'} \sin \omega t - 2\omega(v_{x'} \sin \omega t + v_{y'} \cos \omega t) \\ - \omega^2(x' \cos \omega t - y' \sin \omega t) \tag{7.13}$$

$$a_y = \frac{dv_y}{dt} = a_{x'} \sin \omega t + a_{y'} \cos \omega t + 2\omega(v_{x'} \cos \omega t - v_{y'} \sin \omega t) \\ - \omega^2(x' \sin \omega t + y' \cos \omega t) \tag{7.14}$$

また，等速回転座標系での加速度 $\boldsymbol{a}'(a_{x'}, a_{y'})$ は，次式のようになる。

$$a_{x'} = a_x \cos \omega t + a_y \sin \omega t + 2\omega v_{y'} + \omega^2 x' \tag{7.15}$$

$$a_{y'} = -a_x \sin \omega t + a_y \cos \omega t - 2\omega v_{x'} + \omega^2 y' \tag{7.16}$$

これら (7.11)～(7.16) 式の導出は，付録 (p.187) にくわしく書いてあるので，そちらを参照していただきたい。

7 相対運動と慣性力

C 運動方程式と慣性力

前項 B で求めた等速回転座標系での加速度を用いて，運動方程式をつくると，(7.15) 式，(7.16) 式より

$$ma_{x'} = ma_x \cos\omega t + ma_y \sin\omega t + 2m\omega v_{y'} + m\omega^2 x' \tag{7.17}$$

$$ma_{y'} = -ma_x \sin\omega t + ma_y \cos\omega t - 2m\omega v_{x'} + m\omega^2 y' \tag{7.18}$$

となる。ここで，質点 P には，静止座標系から見て，力 $F=(F_x, F_y)$ が働いていると考えよう。このとき，運動方程式から，

$$ma_x = F_x, \qquad ma_y = F_y$$

であるから，(7.17) 式，(7.18) 式は，

$$ma_{x'} = F_x \cos\omega t + F_y \sin\omega t + 2m\omega v_{y'} + m\omega^2 x' \tag{7.19}$$

$$ma_{y'} = -F_x \sin\omega t + F_y \cos\omega t - 2m\omega v_{x'} + m\omega^2 y' \tag{7.20}$$

さらに，等速回転座標系から見た力 F を，$F=(F_{x'}, F_{y'})$ とすると，図 7.9 より

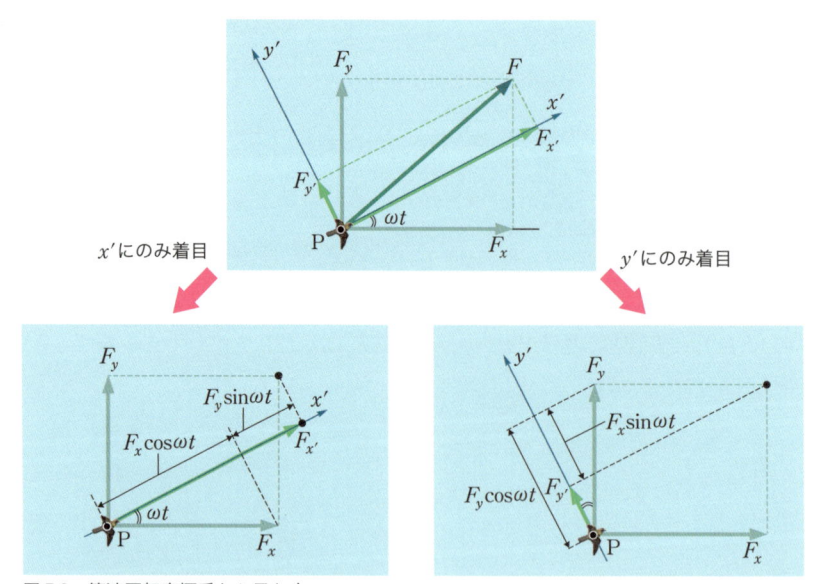

図 7.9　等速回転座標系から見た力

$$F_{x'} = F_x \cos\omega t + F_y \sin\omega t \tag{7.21}$$

$$F_{y'} = -F_x \sin\omega t + F_y \cos\omega t \tag{7.22}$$

であるから，2つの運動方程式は，

$$ma_{x'} = F_{x'} + 2m\omega v_{y'} + m\omega^2 x' \tag{7.23}$$

$$ma_{y'} = F_{y'} - 2m\omega v_{x'} + m\omega^2 y' \tag{7.24}$$

となる．もちろんこの式は，等速回転座標系から見た運動方程式であり，$F_{x'}, F_{y'}$ は，実際に質点に働いている力の成分である．ということは，上式右辺の第2項，第3項は，観測者を等速回転座標上においたことによる慣性力と考えることができる．

① 第2項 $f_1 = (f_{1x'}, f_{2y'}) = (2m\omega v_{y'}, -2m\omega v_{x'})$ について

この力は，**コリオリの力**とよばれる．m，ω を一定と考えると，この力の x'，y' 成分すなわち，$f_{1x'}, f_{2x'}$ は，それぞれ

$$f_{1x'} \propto v_{y'}, \qquad f_{2y'} \propto v_{x'} \tag{7.25}$$

という関係にあるので，図 **7.10** のように，f_1 は，質点の速度 v に垂直で，回転方向と反対向きの力であることがわかる．

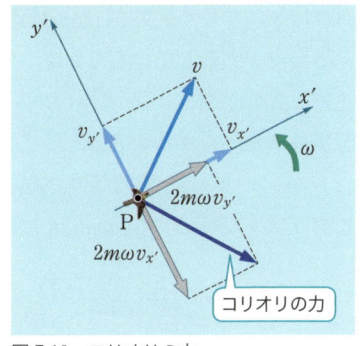

図 7.10　コリオリの力

② 第3項 $f_2 = (f_{2x'}, f_{2y'}) = (m\omega^2 x', m\omega^2 y')$ について

この力は，**遠心力**とよばれる．先と同様に，m，ω を一定と考えると，この力は，座標 x'，y' に比例しているので，質点の位置ベクトル r' に比例することになり，図 **7.11** のように回転中心から遠ざかる方向の力である．

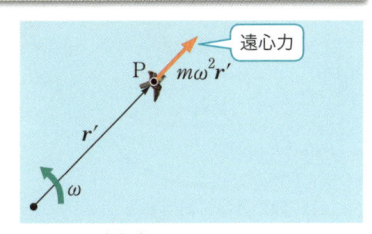

図 7.11　遠心力

D 遠心力とコリオリの力

　遠心力は，日常生活の中でもよく経験する力であるから容易に想像できる（図7.12）。たとえば，自動車に乗っていて，カーブを曲がる最中，投げ出されるような力を受ける。また，遊園地の回転ブランコなどでも，回転が速くなるにつれて，徐々に外側に投げ出される力が大きくなるのが観測できる。まさにこれが遠心力 $m\omega^2 r$ である。

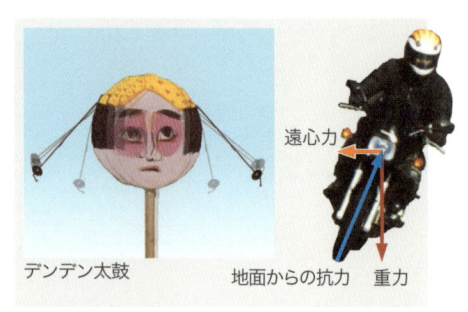

図7.12　遠心力の例

　一方，コリオリの力は，日常ではあまり意識しない力であろう。次のような例を考えてみる。ゆっくりと回転する表面がなめらかな水平円盤の中心から真横にある任意の速度で質点を投げ出す実験を行う（図7.13）。このとき，慣性系（静止系）の観測者が，この質点を観測すると，摩擦力は働かないので，円盤が回っていようと回っていまいと，質点はそのままの速度で右端に到達する。しかし，この質点を円盤上の人が観測すると，自分自身が回転しているために，質点は，その回転方向と反対側に移動するように見える。この原因を，見かけの力であるコリオリの力と考えればよい。気象衛星からの台風の画像からもわかるように，北半球では反時計回りの渦を巻いている。実は，これもコリオリの力が原因なのである。ちなみに，コリオリの力は19世紀前半に活躍したフランス人物理学者 Coriolis にちなんで名づけられた。

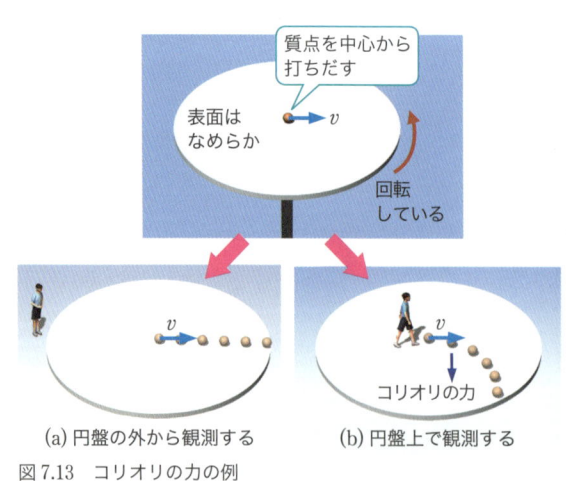

(a) 円盤の外から観測する　　(b) 円盤上で観測する

図7.13　コリオリの力の例

気象の画像（台風）

遠心力とホイヘンス   COLUMN ★

　遠心力の大きさを最初に実験的に求めたのは，ホイヘンスであるといわれている。ホイヘンスは，ガリレオ・ガリレイが発見した振り子の等時性を利用して振り子時計を制作し，商品化して利益を得ていたという記録が残っている。あるとき，この時計を購入した天文学者から「赤道直下では，この時計は正確に時を刻まない」というクレームが付いた。この天文学者は，天体観測のため，ヨーロッパから赤道直下にホイヘンスの時計を持参していたのである。

　ホイヘンスはこの原因を考える際に，遠心力の存在に気づいたという。地球の自転のために赤道直下ではヨーロッパに比べて遠心力が大きいので，重力加速度が変わってしまい，正確に時計が動かなかったのである。

　地軸からの距離が異なれば，自転による遠心力の値も異なる。これは，半径の異なる同一角速度の遠心力を比較すれば容易に理解できる。すなわち，遠心力 $mr\omega^2$ において，m, ω が一定のとき，遠心力は半径 r に比例する。ヨーロッパと赤道直下では，半径に違いがあり，赤道直下のほうが半径が大きい分だけ，遠心力も大きくなり，重力加速度に大きく影響を与えているのである。

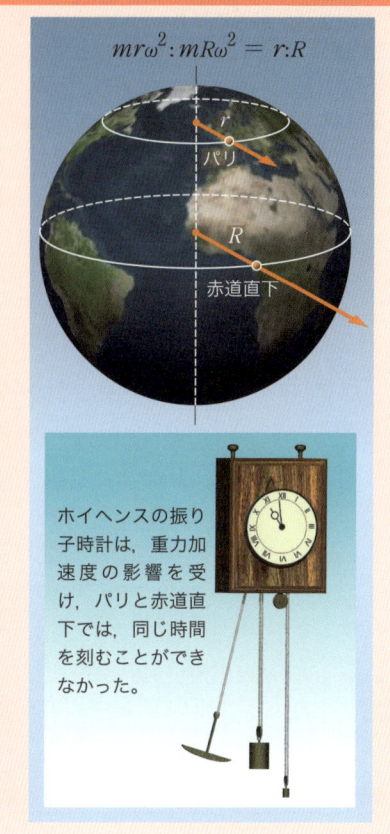

$$mr\omega^2 : mR\omega^2 = r : R$$

ホイヘンスの振り子時計は，重力加速度の影響を受け，パリと赤道直下では，同じ時間を刻むことができなかった。

7 相対運動と慣性力

📍 例題7-4　遠心力を考慮した力のつり合い

半径 r の粗い材質でできた円輪に小さな輪をはめ込んだものが、鉛直面内で図のように原点を通る鉛直線を軸として一定の角速度 ω で回転している。このとき、円輪に対して、小さな輪が、図の θ の位置から滑り落ちないための条件を求めなさい。ただし、重力加速度を g、静止摩擦係数を μ とする。

● 解答

右下図を参考に、力のつり合いより

$$N = mg\cos\theta + mr\sin\theta \cdot \omega^2 \cdot \sin\theta$$

$$mg\sin\theta = \mu N + mr\sin\theta \cdot \omega^2 \cdot \cos\theta$$

この2式より N を消去すると

$$mg\sin\theta = \mu(mg\cos\theta + mr\sin\theta \cdot \omega^2 \cdot \sin\theta)$$
$$+ mr\sin\theta \cdot \omega^2 \cdot \cos\theta$$

$$\therefore\ \omega = \sqrt{\frac{g(\sin\theta - \mu\cos\theta)}{r\sin\theta(\mu\sin\theta + \cos\theta)}}$$

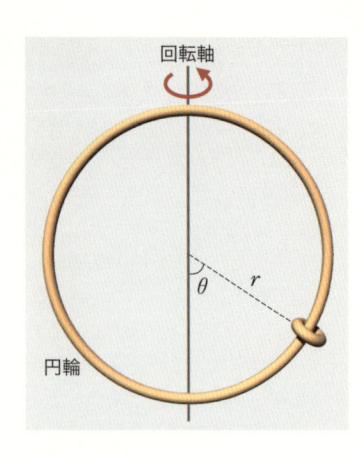

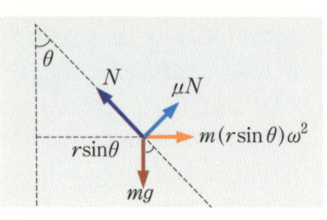

この ω より小さいと、滑り落ちてしまうので、求める条件は

$$\omega \geq \sqrt{\frac{g(\sin\theta - \mu\cos\theta)}{r\sin\theta(\mu\sin\theta + \cos\theta)}}$$

📍 例題7-5　遠心力とコリオリの力を考慮した運動

水平面上で、ある点Oを中心に、質量の無視できる細い棒が一定の角速度 ω で回転運動できるようになっている。この細い棒に、質量 m の小さな輪を通し、摩擦なく動けるようにした。小さい輪の初期位置を、中心から l の距離におき、棒を回転運動させたとき、この小さな輪が棒から受ける抗力を求めなさい。初期位置にあるときを時刻 t の原点 ($t = 0$) とし、抗力 N を m, ω, l, および t を用いて表しなさい。

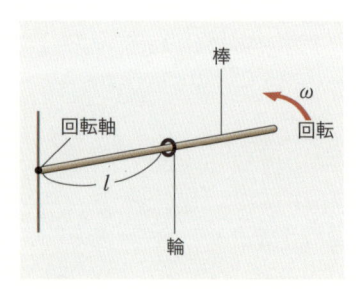

● 解答

遠心力、コリオリの力を考えて、x' 方向およびそれに垂直な方向に対して

$$m\frac{d^2r}{dt^2} = mr\omega^2 \qquad ①$$

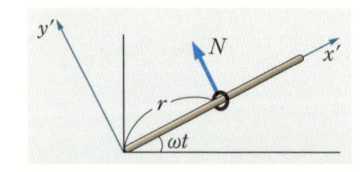

$$N = 2m\omega \frac{dr}{dt} \quad ②$$

が成立する。①式より $\dfrac{d^2 r}{dt^2} = r\omega^2$

ここで，$r = e^{\lambda t}$ とすると $\lambda^2 = \omega^2$ $\therefore$ $\lambda = \pm\omega$

一般解は $r = C_1 e^{\omega t} + C_2 e^{-\omega t}$ （C_1, C_2：定数）

初期条件として $t = 0$ で $r = l$, $\dfrac{dr}{dt} = 0$ とすると

$$C_1 = C_2 = \frac{l}{2}$$

$$\therefore \ r = \frac{l}{2}(e^{\omega t} + e^{-\omega t}) \qquad \therefore \ \frac{dr}{dt} = \frac{\omega l}{2}(e^{\omega t} - e^{-\omega t})$$

②式より $N = 2m\omega \dfrac{dr}{dt} = m\omega^2 l(e^{\omega t} - e^{-\omega t})$

例題7-6 地球の自転と重力加速度

地球は自転しているために，地球表面上の位置によって重力加速度は異なる値をもつ。地上に固定した観測者が測定する重力 mg は，地球の引力 mg_0 と遠心力の合力となる。地球を半径 R の球と考えて，地心緯度 θ の位置での重力加速度の大きさ g を求めなさい。ただし，地球の自転角速度を ω とする。

● 解答

右図を参考に，余弦定理を用いる。

$$(mg)^2 = (mg_0)^2 + (mr\omega^2)^2 - 2mg_0 \cdot mr\omega^2 \cos\theta$$

ここで，$r = R\cos\theta$ であるから，

$$g^2 = g_0^2 + R^2 \cos^2\theta \, \omega^4 - 2g_0 \omega^2 R\cos^2\theta$$

$$= g_0^2 + \omega^2 R\cos^2\theta (R\omega^2 - 2g_0)$$

よって，次のように g が求まる。

$$g = \sqrt{g_0^2 + \omega^2 R\cos^2\theta (R\omega^2 - 2g_0)}$$

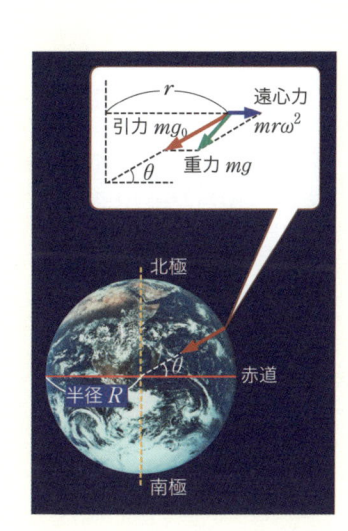

演習問題

7-1

傾斜角 θ のなめらかな斜面がある。この斜面上を，振り子をつけた箱が斜面に沿って降りているとき，箱の中の振り子は鉛直線に対して角 β をなして静止していた。振り子の糸の張力を T，重力加速度の大きさを g，質点の質量を m として以下の問いに答えなさい。

(1) $T\cos\beta$ を m, g, θ を用いて表しなさい。
(2) $T\sin\beta$ を m, g, θ を用いて表しなさい。
(3) β と θ の関係を求めなさい。

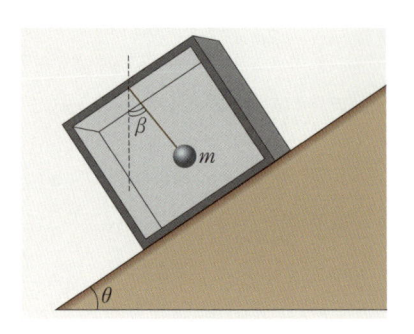

7-2

振幅 A，角振動数 ω で上下に単振動する台上に，質量 m の質点を置く。台の変位を

$$x = A\sin\omega t$$

とし，重力加速度の大きさを g とする。

(1) 台上の質点が台から受ける垂直抗力 N を時間 t の関数として表しなさい。
(2) 質点が，台から浮き上がらないための条件を A, ω, g を用いて表しなさい。

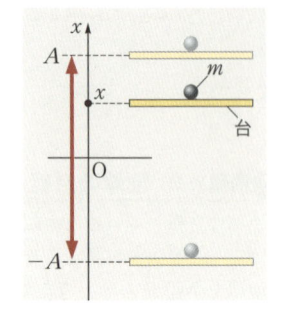

7-3

水平面上に質量 m の質点を静止させておく。この質点を距離 r だけ離れた点から観測している観測者を考える。この観測者が水平面に垂直な軸のまわりに一定の角速度 ω で回転するとき，観測者にはこの質点が円運動するように見える。以下の問いに答えなさい。

(1) 質点に働くコリオリの力の大きさを求め，その向きを図示しなさい。
(2) 質点に働く遠心力の大きさを求め，その向きを図示しなさい。
(3) この観測者が見た円運動を物理的に説明しなさい。

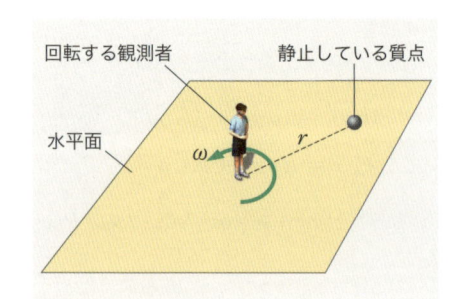

8. 剛体の運動
MOTION OF RIGID BODY

飛行機

現実にあるものはすべて形と大きさをもつ．形があることで，いろいろな機能が生まれる．たとえば，飛行機は空を飛ぶために翼をもち，機体は軽い材料でできている．

剛体とは，変形せず，大きさを無視できない物体のことである．この章では，この剛体に対する運動方程式，慣性モーメントの定義，エネルギー表記を学び，剛体の運動の解析方法を理解する．特に，慣性モーメントの物理的意味や，計算方法，さらには角運動量との関係について考える．

8.1 剛体の運動方程式と慣性モーメント

A 重心

x 軸上に細い棒が置かれている（図 8.1）。この棒の重心の座標 x_G は，この棒についてのモーメントがつり合う位置にあるから，次のモーメントのつり合い式が成立する。

$$m_1(x_G - x_1) + m_2(x_G - x_2) + m_3(x_G - x_3) + \cdots = 0$$

この式を変形すると，次のように重心が求まる。

$$x_G = \frac{m_1x_1 + m_2x_2 + m_3x_3 + \cdots}{m_1 + m_2 + m_3 + \cdots}$$

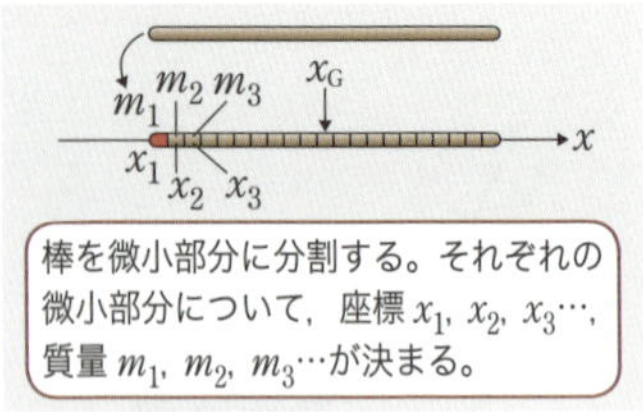

m_1
m_2 m_3
x_G
x
x_1
x_2 x_3
棒を微小部分に分割する。それぞれの微小部分について，座標 x_1，x_2，$x_3\cdots$，質量 m_1，m_2，$m_3\cdots$が決まる。

図 8.1　重心の例

これを一般的な剛体に拡張する（図 8.3 参照）と，次のように重心を書くことができる。

$$\boldsymbol{r}_G = \frac{\sum_i m_i \boldsymbol{r}_i}{m} \qquad \left(m = \sum_i m_i\right) \tag{8.1}$$

B 運動の解析

質点の運動を考える場合 x，y，z 方向に対する運動方程式を考えれば十分であるが，剛体の場合には大きさが無視できないので，それに加えて，回転運動に関する運動方程式も考えなければならない。

重心に対する運動方程式　$$m\frac{d^2\boldsymbol{r}_G}{dt^2} = \boldsymbol{F} \tag{8.2}$$

（m：剛体の質量，　$\boldsymbol{r}_G$：重心の位置ベクトル，　$\boldsymbol{F}$：剛体に働く全合力）

角運動量に対する運動方程式　$$\frac{d\boldsymbol{L}}{dt} = \boldsymbol{N} \tag{8.3}$$

（$\boldsymbol{L}$：角運動量，$\boldsymbol{N}$：外力による全モーメント）

(8.3) 式は (2.71) 式を再掲した。上記からわかるように，3 次元空間での剛体の運動は，(8.2) 式，(8.3) 式に対してそれぞれ自由度が 3 ずつあるので，計 6 の自由度をもつ運動である。すなわち，6 つの未知数をもつ連立方程式を解く問題になるのである。したがって，剛体の運動を解析するのは非常に複雑であることがわかる。

C 固定軸のまわりを回転する剛体

　剛体を固定軸のまわりで回転させるときは，この軸の回転角だけで剛体の運動状態は決まるので，自由度は1となり，1方向の角運動量に対する運動方程式で事足りることがわかる。簡単な例をあげて具体的に考えてみよう。

　長さ r の質量の無視できる棒の先に，質量 m の質点を取り付け，一定の角速度 ω，速さ v で，図 8.2 のように，水平面上で回転させることを考える。このときの質点の角運動量の大きさは，2.7 節より

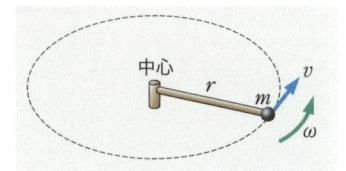

図 8.2　回転する棒の先に取り付けられた質点

$$L = mv \cdot r = mr^2 \omega \tag{8.4}$$

である。ω が一定の等速円運動を考えると，(8.4) 式より，その係数である mr^2 が大きいほど回転の角運動量 L は大きくなり，回転の慣性は大きいことがわかる。この慣性のことを特に**慣性モーメント**とよぶ。質量 m を「慣性質量」(2.1 節を参照) とよぶことと比較してみると考えやすい。すなわち，慣性質量は，質点の運動の「慣性」の度合いを示す量であるのに対して，慣性モーメントは，回転に対する慣性の度合いを示す量である。一般に慣性モーメントは記号 I を用いて表され，この例では，

$$I = mr^2 \tag{8.5}$$

となる。したがって，この回転運動の角運動量 L を I を用いて表すと，(8.4)式, (8.5)式より，

$$L = I\omega \tag{8.6}$$

となる。すなわち，回転に対する運動方程式は，

$$I\frac{d\omega}{dt} = N \quad \left(= \frac{dL}{dt}\right) \tag{8.7}$$

となる。さらに，運動エネルギーを考えると，

$$K = \frac{1}{2}mv^2 = \frac{1}{2}m(r\omega)^2 = \frac{1}{2}mr^2 \cdot \omega^2 = \frac{1}{2}I\omega^2$$

8 剛体の運動

と書ける。以上のことを考えて，前章までに学んできた運動と回転運動を対比してみると以下のようになる。

慣性質量： m　　　　　　　慣性モーメント： $I(=mr^2)$

運動量： $p=mv$　　　　　　角運動量： $L=I\omega$

運動方程式： $m\dfrac{dv}{dt}=F$　　回転の運動方程式： $I\dfrac{d\omega}{dt}=N$

運動エネルギー： $K=\dfrac{1}{2}mv^2$　　回転の運動エネルギー： $K=\dfrac{1}{2}I\omega^2$

この対応関係は非常に重要であるから十分に理解しておきたい。

ここまでは，単純な例の回転運動だったが，一般的な例で考え，同様の式が成立することを見ていこう。ある剛体が，これに取り付けた回転軸を中心に自由に回転できる状態を考える（**図 8.3**）。この剛体の微小部分の質量を m_i とし，微小部分の回転軸からの距離を r_i とすると，(8.4) 式より，この微小部分の角運動量は，

$$L_i = m_i r_i^2 \omega \qquad (8.8)$$

となる。これを，すべての部分について加え合わせれば，この剛体の角運動量が計算できる。すなわち，

$$L = \sum_i L_i = \sum_i m_i r_i^2 \omega \qquad (8.9)$$

である。ここで，慣性モーメントを

$$I = \sum_i m_i r_i^2 \qquad (8.10)$$

とおくと，

$$L = I\omega$$

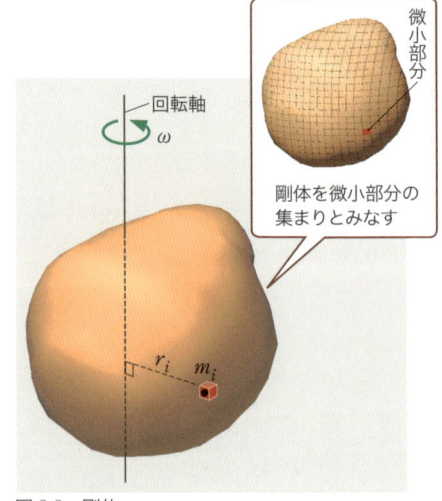

図 8.3　剛体

となり，(8.6) 式と同様に考えることができる。すなわち，一般的な剛体に対して慣性モーメントは，(8.10) 式で与えられることがわかる。

D 慣性モーメントの特性

図8.4のように，点 O を通り剛体板に垂直な軸を中心軸とする慣性モーメントを考える。簡単のため，剛体板は非常に薄い板で厚さが無視できるとする。また，図に示すように，この剛体板の重心を G とし，OG 間の距離を d とする。このとき，ある位置の微小部分の質量を m_i とし，点 O，G からの位置ベクトルを，それぞれ $\boldsymbol{r}_i$, $\boldsymbol{r}_{Gi}$（大きさは r_i, r_{Gi}）とする。このとき，点 O を通る軸のまわりの慣性モーメントを I，この軸に平行で点 G を通る軸のまわりの慣性モーメントを I_G とすると，慣性モーメントの定義より，

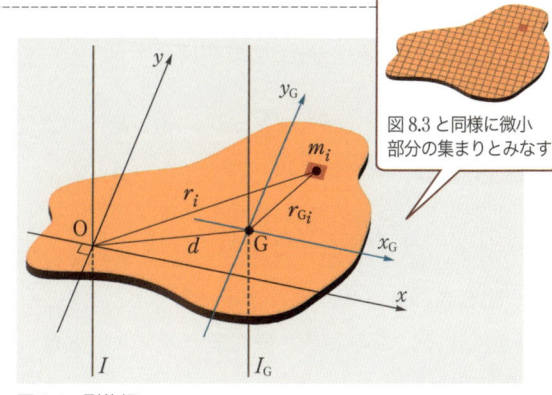

図 8.4 剛体板

$$I = \sum_i m_i r_i^2, \qquad I_G = \sum_i m_i r_{Gi}^2 \tag{8.11}$$

となる。ここで，図8.5 のように剛体板上に任意の xy 直交座標をおくと，(8.11)式は，

$$\begin{aligned} I &= \sum_i m_i (x_i^2 + y_i^2), \\ I_G &= \sum_i m_i (x_{Gi}^2 + y_{Gi}^2) \end{aligned} \tag{8.12}$$

と書ける。ここで，

$$x_i = x_G + x_{Gi}, \qquad y_i = y_G + y_{Gi} \tag{8.13}$$

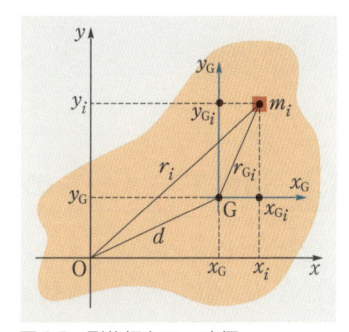

図 8.5 剛体板上の xy 座標

であるから，(8.13)式を (8.12) 式の I の式に代入すると，

$$\begin{aligned} I &= \sum_i m_i \{(x_G + x_{Gi})^2 + (y_G + y_{Gi})^2\} \\ &= (x_G^2 + y_G^2) \sum_i m_i + \sum_i m_i (x_{Gi}^2 + y_{Gi}^2) \\ &\quad + 2x_G \sum_i m_i x_{Gi} + 2y_G \sum_i m_i y_{Gi} \end{aligned} \tag{8.14}$$

8 剛体の運動

ここで，重心では力のモーメントの総和は 0 であるから，

$$\sum_i m_i x_{Gi} = 0, \quad \sum_i m_i y_{Gi} = 0 \tag{8.15}$$

また，$x_G^2 + y_G^2 = d^2$，$\sum_i m_i = M$（剛体の質量）として，(8.12)式の I_G を用いて，(8.14)式は，次式のように表すことができる。

$$I = d^2 M + I_G \tag{8.16}$$

図 8.6 のように，平らな板に対して，x，y，z 軸をとる。このとき，慣性モーメントの定義から，

$$I_x = \sum_i m_i y_i^2$$
$$I_y = \sum_i m_i x_i^2$$
$$I_z = \sum_i m_i r_i^2$$

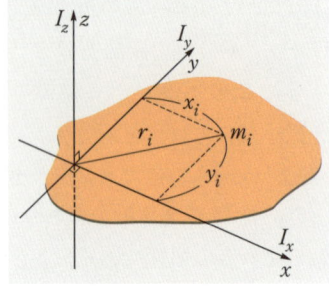

図 8.6　剛体板上の xyz 座標

が成立する。ここで，三平方の定理より，$r_i^2 = x_i^2 + y_i^2$ なので，次式が成立する。

$$I_z = \sum m_i (x_i^2 + y_i^2)$$

$$\therefore \quad I_z = I_x + I_y \tag{8.17}$$

E 慣性モーメントの具体例

ここでは，2 つの慣性モーメントの計算法を紹介する。多くの剛体の質量は連続的に分布しているので，具体的な計算を行う場合には，積分を用いることができる。以下では，剛体の質量はすべて M とした。例題に多くの慣性モーメントの計算を掲載したので，ぜひ自分で計算していただきたい。

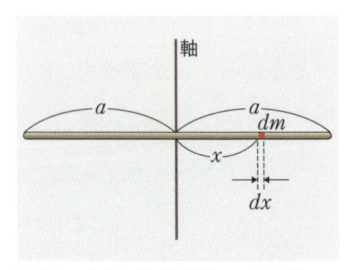

図 8.7　中心に軸を垂直につけた棒

① 長さ $l=2a$ の棒の中点を通り棒に垂直な軸に関する慣性モーメント I

図 8.7 の微小部分の質量 dm は，棒の線密度（単位長さあたりの質量）を σ とすると

$$dm = \sigma dx \tag{8.18}$$

となる．したがって，慣性モーメントは次のように求まる．

$$I = \int x^2 dm = \int_{-a}^{a} x^2 \sigma dx = \frac{2}{3}\sigma a^3 = \frac{1}{3}(\sigma \cdot 2a)a^2 \tag{8.19}$$

ここで，この棒では線密度の定義より，$\sigma \cdot 2a = M$ なので，次のように表すことができる．

$$I = \frac{1}{3}a^2 M = \frac{1}{12}l^2 M \tag{8.20}$$

② 直径 $2a$ の円盤の中心を通り，円盤に垂直な軸に関する慣性モーメント I

図 8.8 のように，微小幅 dr の質量を dm とする．面密度（単位面積あたりの質量）を ρ とすると，この dm は，

$$dm = \rho \cdot 2\pi r dr \tag{8.21}$$

と書けるので，求める慣性モーメントは，

$$\begin{aligned} I &= \int r^2 dm = \int_0^a r^2 (\rho \cdot 2\pi r) dr \\ &= \frac{1}{2}a^4 \rho \pi \end{aligned}$$

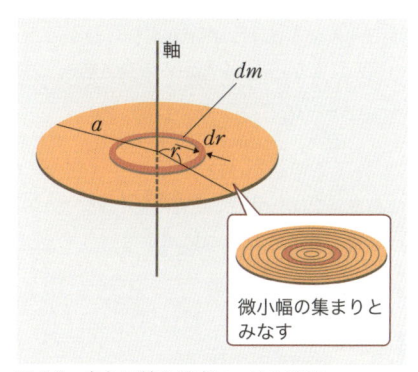

図 8.8 中心に軸を垂直につけた円盤

となる．ここで，この円盤については面密度の定義より，$\rho \pi a^2 = M$ なので，次のように表すことができる．

$$I = \frac{1}{2}a^2 \rho \pi a^2 = \frac{1}{2}a^2 M \tag{8.22}$$

例題8-1　慣性モーメント（棒）

長さ l の棒の中点を通り，棒に垂直な軸に関する慣性モーメントは，(8.20)式で示したように

$$I = \frac{1}{12}Ml^2$$

である。この軸に平行で，棒の端を通る軸に関する慣性モーメントを求めなさい。

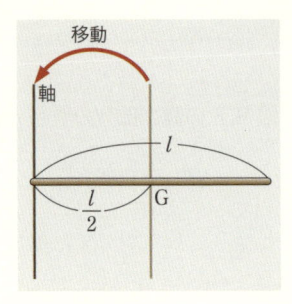

●解答

題意より，この棒の重心を通る軸のまわりのモーメントは

$$I_G = \frac{1}{12}Ml^2$$

(8.16) 式より，求めるモーメントは

$$I = \left(\frac{l}{2}\right)^2 M + I_G = \frac{1}{4}Ml^2 + \frac{1}{12}Ml^2 = \frac{1}{3}Ml^2$$

例題8-2　慣性モーメント（長方形板）

長さ l の棒の中点を通り，棒に垂直な軸に関する慣性モーメント dI は，(8.20)式からわかるように，その棒の質量を dm，中心からの長さを b とすると，

$$dI = \frac{b^2}{3}dm$$

である。これを用いて，辺の長さ $2a$，$2b$ の薄い長方形の重心を通る対称軸に関する慣性モーメント I_x，I_y，I_z を求めなさい。

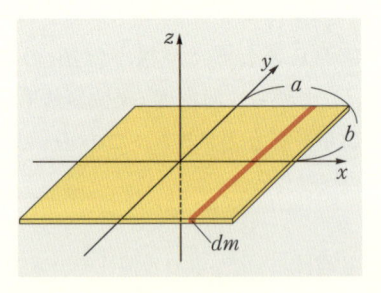

●解答

題意より，x 軸に関する慣性モーメントは，次のように求められる。

$$I_x = \int dI = \int \frac{b^2}{3}dm = \frac{b^2}{3}\int dm = \frac{1}{3}Mb^2$$

同様にして，y 軸に関しても求める。

$$I_y = \int \frac{a^2}{3}dm = \frac{a^2}{3}\int dm = \frac{1}{3}Ma^2$$

よって，(8.17) 式より次式が求められる。

$$I_z = I_x + I_y = \frac{1}{3}M(a^2+b^2)$$

例題8-3　慣性モーメント（円盤）

直径 $2a$ の円盤の中心を通り，円盤に垂直な軸に関する慣性モーメントは (8.22) 式で示したように，

$$I_z = \frac{1}{2}Ma^2$$

である。これを用いて，対称軸に関する慣性モーメント I_x, I_y を求めなさい。

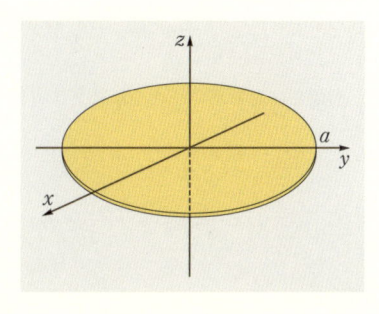

● 解答

対称性から $I_x = I_y$

また，(8.17) 式より　$I_z = I_x + I_y$　∴ $I_x = I_y = \frac{1}{2}I_z = \frac{1}{4}Ma^2$

例題8-4　慣性モーメント（中空円盤）

外半径 a，内半径 b の中空円盤の中心を通る対称軸に関する慣性モーメント I_x, I_y, I_z を求めなさい。

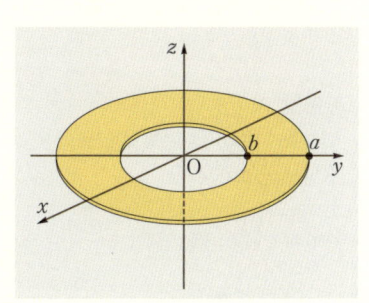

● 解答

E 項の②と同様に

$$I_z = \int_b^a r^2(\rho \cdot 2\pi r)dr = \rho \cdot 2\pi \frac{a^4-b^4}{4}$$

$$= \frac{a^2+b^2}{2}\rho\pi(a^2-b^2) = \frac{a^2+b^2}{2}M$$

$$= \frac{M}{2}(a^2+b^2)$$

$I_z = I_x + I_y$, $I_x = I_y$　より

$$I_x = I_y = \frac{I_z}{2} = \frac{M}{4}(a^2+b^2)$$

例題8-5　慣性モーメント（円柱）

直径 $2a$，高さ h の円柱の重心を通る対称軸に関する慣性モーメント I_x, I_y, I_z を求めなさい。

● 解答

E項の②より　$dI_z = \dfrac{1}{2} a^2 dm$

$$\therefore\ I_z = \int \dfrac{1}{2} a^2 dm = \dfrac{1}{2} Ma^2$$

例題8-3 を考えて，(8.16) 式 $I = d^2 M + I_G$ を用いると，

$$dI_x = z^2 dm + \dfrac{1}{4} dm \cdot a^2$$

$$\therefore\ I_x = \int dI_x = \int_{-\frac{h}{2}}^{\frac{h}{2}} z^2 dm + \int_{-\frac{h}{2}}^{\frac{h}{2}} \dfrac{1}{4} dm \cdot a^2 = \dfrac{1}{12} M(h^2 + 3a^2)$$

対称性より　$I_y = I_x = \dfrac{1}{12} M(h^2 + 3a^2)$

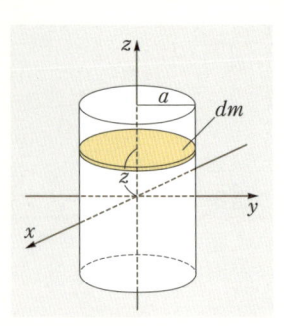

例題8-6　慣性モーメント（切り抜かれた円盤）

右図のように，直径 $2a$ の円盤から，直径 a の円盤を切り抜いた部分の，点 O を通り円盤に垂直な軸に関する慣性モーメントを求めなさい。

● 解答

切り抜く前の円盤の質量を m とすると，切り抜いた部分の質量は $\dfrac{1}{4} m$ である。

切り抜く前の円盤の慣性モーメントは

$$I_1 = \dfrac{1}{2} ma^2$$

切り抜いた部分の中心を軸とする慣性モーメントは，(8.16) 式より

$$I_2 = \dfrac{m}{4}\left(\dfrac{a}{2}\right)^2 + \dfrac{1}{2}\left(\dfrac{m}{4}\right)\left(\dfrac{a}{2}\right)^2 = \dfrac{3}{32} ma^2$$

よって，求める慣性モーメントを I とすると切り抜いた部分については質量と同様に慣性モーメントもひき算をすることができるので

$$I = I_1 - I_2 = \dfrac{13}{32} ma^2$$

ここで，$M = \dfrac{3}{4} m$ であるから　$I = \dfrac{13}{24} Ma^2$

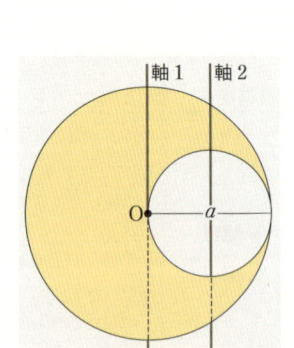

例題8-7　慣性モーメント（球）

直径 $2a$ の球の中心を通る軸に関する慣性モーメントを求めなさい。

● 解答

中心を原点として，x, y, z の直交座標を考える。球の密度を σ，体積要素を $dV = dxdydz$ とすると，点 (x, y, z) から x 軸，y 軸，z 軸までの距離は三平方の定理より $\sqrt{y^2+z^2}, \sqrt{z^2+x^2}, \sqrt{x^2+y^2}$ であるから

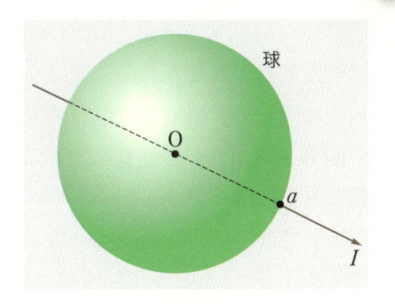

$$I_x = \sigma \iiint \left(\sqrt{y^2+z^2}\right)^2 dV = \sigma \iiint (y^2+z^2) dxdydz$$

同様に考えると

$$I_y = \sigma \iiint (z^2+x^2) dxdydz, \quad I_z = \sigma \iiint (x^2+y^2) dxdydz$$

ここで対称性より $I = I_x = I_y = I_z$ であるから

$$I = \frac{1}{3}(I_x + I_y + I_z) = \frac{2}{3} \sigma \iiint (x^2+y^2+z^2) dxdydz$$

半径 r の球を考えると，この積分は次のように書くことができる。

$$I = \frac{2}{3} \sigma \int_0^a r^2 \cdot 4\pi r^2 dr \quad (\because \ dxdydz = 4\pi r^2 dr)$$

$$= \frac{8}{3} \pi \sigma \int_0^a r^4 dr = \frac{8}{3} \pi \sigma \left[\frac{1}{5} r^5\right]_0^a$$

$$= \frac{8}{3} \pi \sigma \cdot \frac{1}{5} a^5 = \frac{2}{5} a^2 \cdot \sigma \cdot \frac{4}{3} \pi a^3 = \frac{2}{5} Ma^2 \quad (M \text{は質量})$$

$$\left(\because \ V = \frac{4}{3} \pi a^3\right)$$

さかあがり　COLUMN ★

鉄棒の「さかあがり」は，鉄棒の下にある体を鉄棒の上へ持ち上げる技である。回転に対しては中心力しか働いておらず，また，体の形を変形させる力はすべて内力なので，さかあがりをしている最中は，角運動量が保存されていることがわかる。

8.2 剛体の回転運動の具体例

剛体が回転するとき，(8.7) 式で与えられる回転の運動方程式を考えなくてはならない。この使い方について，簡単な例をあげて解説する。

図 8.9 のように，一様な質量 M，直径 $2a$ の円盤に太さの無視できる軽い糸を巻き付け，一端を固定して静かに落下運動させるときの運動について考えよう。当然，円盤は回転しながら，鉛直下向きへと運動する。

このとき，図の点 P のまわりの円盤の慣性モーメントを I_P とすると，回転の運動方程式は，(8.7) 式にならって，

$$I_P \frac{d\omega}{dt} = Mga \tag{8.23}$$

となる。ここで，落下運動の速度を v とすると，次式のような関係がある（図 8.10）。

$$v = a\omega \tag{8.24}$$

また，(8.22) 式より円盤の中心軸に対する慣性モーメントが $\frac{1}{2}Ma^2$ であるので，(8.16) 式を用いて，

$$I_P = Ma^2 + \frac{1}{2}Ma^2 = \frac{3}{2}Ma^2 \tag{8.25}$$

である。これらを，(8.23) 式に代入すると，

$$\frac{dv}{dt} = \frac{2}{3}g \tag{8.26}$$

となり，速度 v に関する微分方程式が得られる。初期条件として，$t = 0$ のとき，$v = 0$ とすると，

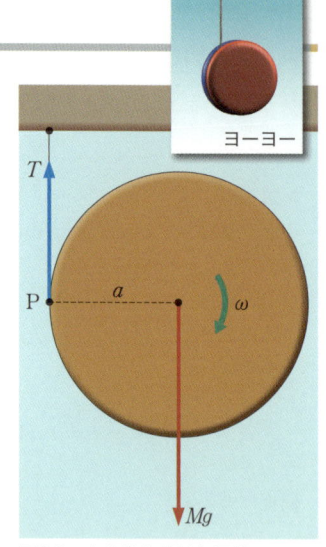

図 8.9 糸を巻き付けた円盤

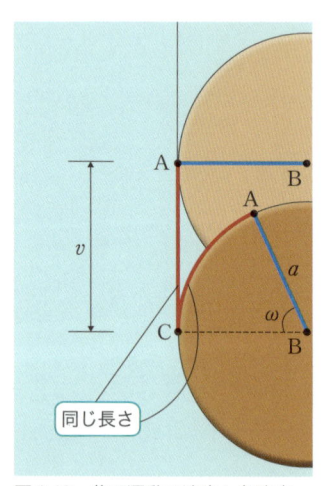

図 8.10 落下運動の速度と角速度

$$v = \frac{2}{3}gt \tag{8.27}$$

となり，重力加速度 g の $\frac{2}{3}$ 倍の加速度で落下することがわかる。

これより，円盤の落下運動の運動方程式は，α を加速度として

$$M\alpha = Mg - T, \quad \alpha = \frac{2}{3}g \tag{8.28}$$

となり，糸の張力 T は，次式のようになる。

$$T = \frac{1}{3}Mg \tag{8.29}$$

以上のように，剛体が回転する場合には，一般の運動方程式に加えて，回転に関する運動方程式が必要となる。この回転の運動方程式において重要となる物理量が慣性モーメントであり，前節で解説した慣性モーメントの計算が確実にできるようにしておく必要がある。

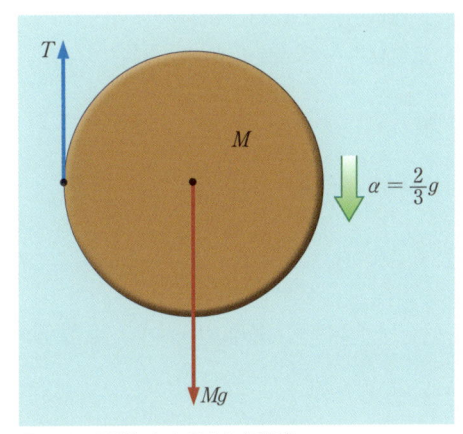

図 8.11　円盤にかかる力と加速度

COLUMN ★ 回転運動によるおもちゃ

竹とんぼやコマなど，回転運動の性質を使ったおもちゃは多い。右の写真は回転するコマが1本の軸で立っている様子である。直線方向の力をうまく回転のエネルギーに変換することで，空に飛ばしたり，細い1本の軸のうえに立たせることができる。

例題8-8　斜面上を転がる円盤

直径 $2a$，質量 M の円盤を，水平とのなす角 θ の斜面上におき静かに手をはなすと，斜面上を滑らずに回転しながら，斜面下方へと移動した。このようなことが起こるための条件が，

$$\tan\theta < 3\mu$$

であることを示しなさい。ただし，μ は静止摩擦係数である。また，円盤の重心の加速度が，

$$\alpha = \frac{2}{3}g\sin\theta$$

となることを示しなさい。g は重力加速度の大きさである。

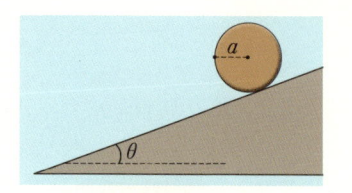

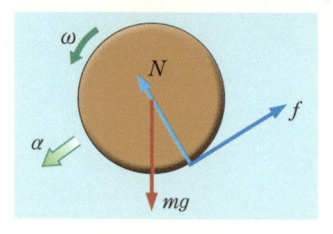

● 解答

摩擦力を f とすると，運動方程式は

$$M\frac{d^2x}{dt^2} = Mg\sin\theta - f, \quad I\frac{d\omega}{dt} = fa \quad \text{ただし} \quad I = \frac{1}{2}Ma^2$$

滑らないときには $\dfrac{dx}{dt} = a\omega$ より $\dfrac{d^2x}{dt^2} = a\dfrac{d\omega}{dt}$ である。

$\therefore \ Ma\dfrac{d\omega}{dt} = Mg\sin\theta - f, \quad \dfrac{1}{2}Ma^2\dfrac{d\omega}{dt} = fa$

$\therefore \ Mg\sin\theta - f = 2f \quad \therefore \ f = \dfrac{1}{3}Mg\sin\theta$

$f < \mu N = \mu Mg\cos\theta$ より $\dfrac{1}{3}Mg\sin\theta < \mu Mg\cos\theta \quad \therefore \ \tan\theta < 3\mu$

また，$\alpha = \dfrac{d^2x}{dt^2} = g\sin\theta - \dfrac{f}{M} = g\sin\theta - \dfrac{1}{3}g\sin\theta = \dfrac{2}{3}g\sin\theta$

例題8-9　糸につながれた2つの円盤の運動

p.169右上の図のように，糸の両端に，質量が M_1, M_2 で，直径が $2a_1$, $2a_2$ の2つの円盤を巻き付け，両円盤を同一鉛直面内になるように，糸をくぎPにかけて静かに放すとき，両円盤の加速度，角加速度，糸の張力を求めなさい。重力加速度の大きさを g とし，くぎPはなめらかであるとする。

● 解答

それぞれの運動方程式は
$$\begin{cases} M_1\alpha_1 = M_1 g - T \\ I_1\dfrac{d\omega_1}{dt} = Ta_1, \quad I_1 = \dfrac{1}{2}M_1 a_1^2 \end{cases} \quad \begin{cases} M_2\alpha_2 = M_2 g - T \\ I_2\dfrac{d\omega_2}{dt} = Ta_2, \quad I_2 = \dfrac{1}{2}M_2 a_2^2 \end{cases}$$

また，糸に関して $\alpha_1 + \alpha_2 = a_1\dfrac{d\omega_1}{dt} + a_2\dfrac{d\omega_2}{dt}$ が成立するので（$\because v_1 + v_2 = a_1\omega_1 + a_2\omega_2$）

$$\alpha_1 = \frac{3M_1 + M_2}{3(M_1 + M_2)}g$$

$$\alpha_2 = \frac{M_1 + 3M_2}{3(M_1 + M_2)}g$$

$$\frac{d\omega_1}{dt} = \frac{4M_2}{3a_1(M_1 + M_2)}g$$

$$\frac{d\omega_2}{dt} = \frac{4M_1}{3a_2(M_1 + M_2)}g$$

$$T = \frac{2M_1 M_2}{3(M_1 + M_2)}g$$

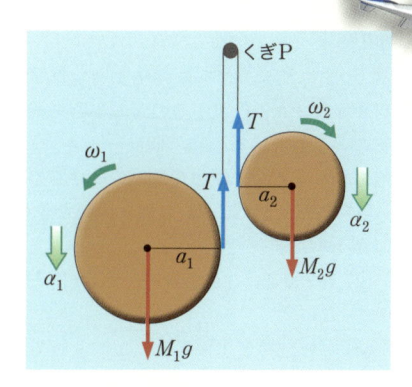

●例題8-10　コマの慣性モーメント

コマの回転軸を鉛直に立ててなめらかに支え，その軸に長さ l の糸を巻き付けて，この糸を一定の力 F で引き，コマを回転させることを考える。糸をすべて引き終えた後のコマの角速度を ω，コマの慣性モーメントを I として以下の問いに答えなさい。

(1) コマの回転軸の半径を r，コマの回転角を θ とするとき，コマの回転の運動方程式を，I, θ, r, F を用いて表しなさい。

(2) 糸をすべて引き終えるまでの時間を r, I, l, F を用いて表しなさい。

(3) コマの慣性モーメント I を F, l, ω のみを用いて表しなさい。

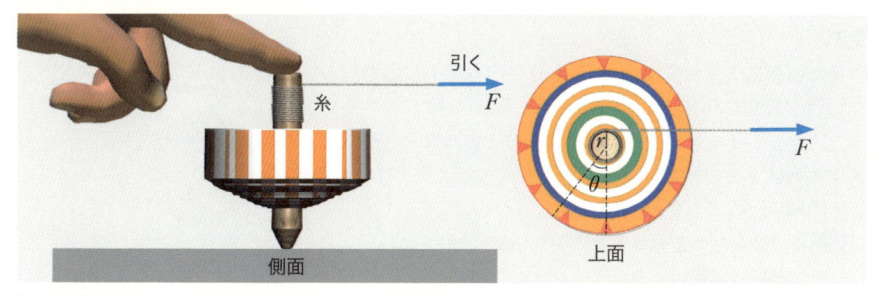

●解答

(1) コマはその場で回転しているので，回転についての運動方程式のみを考えればよい。
(8.7)式より，
$$I\frac{d^2\theta}{dt^2} = rF \qquad ①$$

(2) (1)において，$t=0$ のとき，$\frac{d\theta}{dt} = 0$，$\theta = 0$ として，①式を積分すると次のようになる。

$$I\frac{d\theta}{dt} = rF \cdot t, \quad I\theta = \frac{1}{2}rFt^2 \quad \therefore \quad \frac{d\theta}{dt} = \frac{rFt}{I}, \quad \theta = \frac{rFt^2}{2I}$$

糸をすべて引き終えるまでの回転角は，$\theta = \frac{l}{r}$ であるから，引き終えるまでの時間は次のように求まる。

$$\frac{l}{r} = \frac{rFt^2}{2I} \quad \therefore \quad t = \sqrt{\frac{2Il}{r^2 F}}$$

(3) (2)で求められた t より，$\frac{d\theta}{dt} = \frac{rFt}{I} = \sqrt{\frac{2Fl}{I}}$ であるから，$I = \frac{2Fl}{\omega^2}$ が求まる。

演習問題

8-1

図1のように，水平な回転軸をもつ長さ l の一様でない棒がある。回転軸 O から長さ h の位置がこの棒の重心であるとする。この棒の質量を M，回転軸のまわりのこの棒の慣性モーメントを I とするとき以下の問いに答えなさい。ただし，重力加速度の大きさを g とする。

(1) 図1のように，鉛直線と棒のなす角が θ のとき，この棒の回転の運動方程式を書きなさい。

(2) 図2のような長さ l，質点の質量 M の単振り子の運動方程式を書きなさい。

(3) (1)，(2)を比較することによって，図1のような剛体が微小振動するときの振動の周期 T を求めなさい。

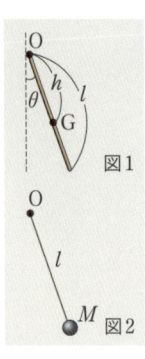

8-2

直径 $2a$ の一様な円盤の重心から距離 h だけ離れた点に水平軸を取り付け，微小振動させた。円板の質量を M，重力加速度の大きさを g として以下の問いに答えなさい。

(1) この軸のまわりの慣性モーメント I を求めなさい。

(2) 微小振動の周期を求めなさい。

(3) 周期が最小となるときの h を a で表しなさい。

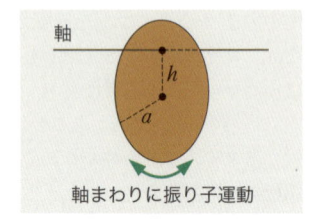

8-3

水平な回転軸をもつ直径 $2a$，質量 M の円柱滑車に糸を取り付け，最初に角速度 ω で回転させ，質量 m のおもりを巻き上げることを考える。滑車が止まるまでにおもりが上昇する高さ h を求めたい。重力加速度の大きさを g として以下の問いに答えなさい。

(1) 最初のおもりの運動エネルギーを求めなさい。

(2) 円柱滑車の回転のエネルギーを求めなさい。

(3) h を M, m, a, ω, g を用いて表しなさい。

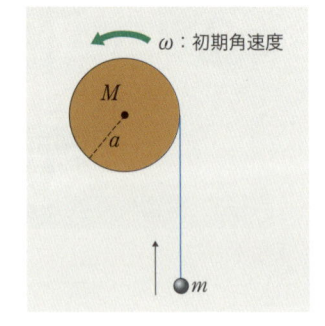

9. 解析力学の基礎

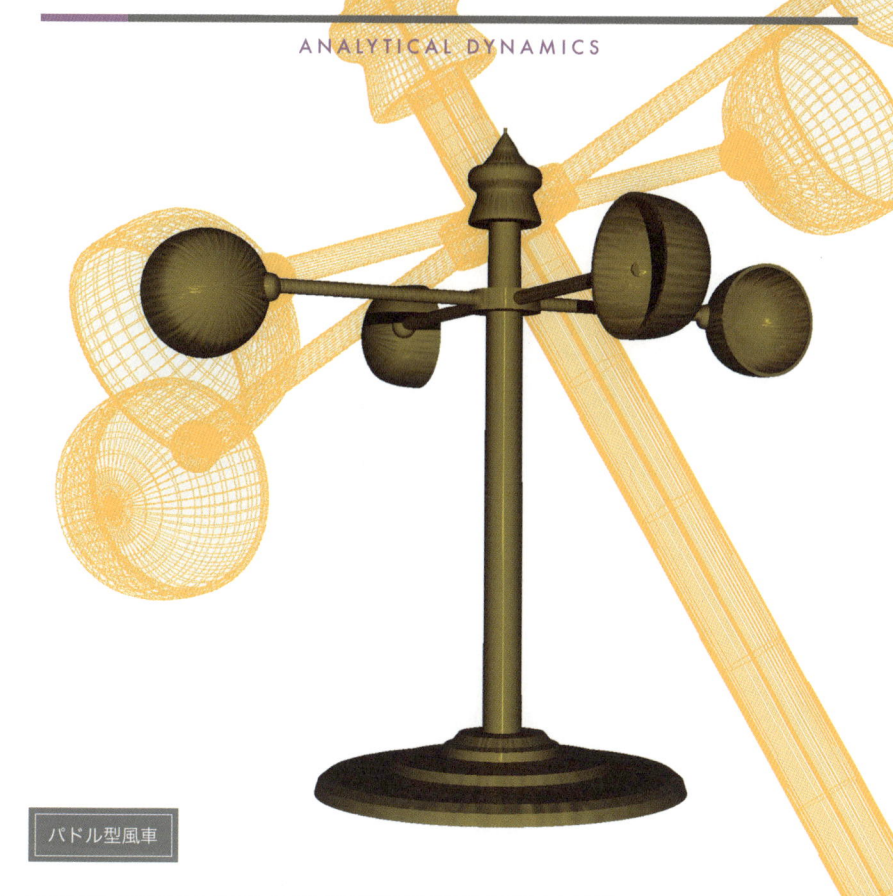

ANALYTICAL DYNAMICS

パドル型風車

この章では，これまで学んできた直交 xyz 座標（デカルト座標）や極座標にこだわらない一般化座標を用いたラグランジュの方程式を学ぶ。現象による座標の選択や，座標上への成分計算などの煩雑さを回避するとともに，ラグランジュ関数の導入により，運動エネルギーおよびポテンシャル表記から運動を式で表すことが可能となる。また，ラグランジュの運動方程式を導出し，その簡単な利用方法を紹介する。

9.1 運動方程式と運動エネルギーの関係式

A 直交座標

簡単のために直交平面座標 (xy 座標) で考えよう。xy 座標系での速度, 加速度, 運動方程式, 運動エネルギーはそれぞれ次のように書ける。

$$速度 \quad v_x = \frac{dx}{dt} = \dot{x}, \quad v_y = \frac{dy}{dt} = \dot{y} \tag{9.1}$$

$$加速度 \quad a_x = \frac{dv_x}{dt} = \ddot{x}, \quad a_y = \frac{dv_y}{dt} = \ddot{y} \tag{9.2}$$

$$運動方程式 \quad m\ddot{x} = F_x, \quad m\ddot{y} = F_y \tag{9.3}$$

$$運動エネルギー \quad T = \frac{1}{2}m(v_x^2 + v_y^2) = \frac{1}{2}m(\dot{x}^2 + \dot{y}^2) \tag{9.4}$$

ここで, (9.3) 式, (9.4) 式の関係を見るために, 以下の 4 式を準備する。

$$\frac{\partial T}{\partial x} = 0, \quad \frac{\partial T}{\partial y} = 0 \tag{9.5}$$

$$\frac{\partial T}{\partial \dot{x}} = m\dot{x}, \quad \frac{\partial T}{\partial \dot{y}} = m\dot{y} \tag{9.6}$$

(偏微分については p.187 の付録参照。) (9.5) 式は, T が変数として x, y を含んでいないことからわかる。(9.6) 式より,

$$m\ddot{x} = \frac{d}{dt}\left(\frac{\partial T}{\partial \dot{x}}\right), \quad m\ddot{y} = \frac{d}{dt}\left(\frac{\partial T}{\partial \dot{y}}\right) \tag{9.7}$$

となり, (9.3) 式より, 運動方程式は,

$$\frac{d}{dt}\left(\frac{\partial T}{\partial \dot{x}}\right) = F_x, \quad \frac{d}{dt}\left(\frac{\partial T}{\partial \dot{y}}\right) = F_y \tag{9.8}$$

となる。このような表記をエネルギー表記とよぶ。エネルギー表記を用いれば, 運動方程式の時間積分などを行う際にも, 非常に容易になり, 有用な表記といえる。

B 極座標

同様のことを，極座標でも考えてみよう。極座標系（$r\theta$座標系）での速度，加速度，運動方程式，運動エネルギーはそれぞれ次のように書ける（第1章を参照）。

$$\text{速度} \qquad v_r = \frac{dr}{dt} = \dot{r}, \qquad v_\theta = r\frac{d\theta}{dt} = r\dot{\theta} \tag{9.9}$$

$$\text{加速度} \qquad a_r = \ddot{r} - r\dot{\theta}^2, \qquad a_\theta = 2\dot{r}\dot{\theta} + r\ddot{\theta} \tag{9.10}$$

$$\text{運動方程式} \qquad m(\ddot{r} - r\dot{\theta}^2) = F_r, \qquad m(2\dot{r}\dot{\theta} + r\ddot{\theta}) = F_\theta \tag{9.11}$$

$$\text{運動エネルギー} \quad T = \frac{1}{2}m(v_r^2 + r_\theta^2) = \frac{1}{2}m(\dot{r}^2 + r^2\dot{\theta}^2) \tag{9.12}$$

ここでも前項 **A** と同様に，以下の4式を準備する。

$$\frac{\partial T}{\partial r} = mr\dot{\theta}^2, \qquad \frac{\partial T}{\partial \theta} = 0 \tag{9.13}$$

$$\frac{\partial T}{\partial \dot{r}} = m\dot{r}, \qquad \frac{\partial T}{\partial \dot{\theta}} = mr^2\dot{\theta} \tag{9.14}$$

(9.14)式をtで微分すると，

$$\frac{d}{dt}\left(\frac{\partial T}{\partial \dot{r}}\right) = m\ddot{r}, \qquad \frac{d}{dt}\left(\frac{\partial T}{\partial \dot{\theta}}\right) = 2mr\dot{r}\dot{\theta} + mr^2\ddot{\theta} \tag{9.15}$$

であるから，(9.11)式を用いると，

$$\frac{d}{dt}\left(\frac{\partial T}{\partial \dot{r}}\right) = F_r + mr\dot{\theta}^2, \qquad \frac{d}{dt}\left(\frac{\partial T}{\partial \dot{\theta}}\right) = rF_\theta \tag{9.16}$$

ここで，(9.13)式を用いると，

$$\frac{d}{dt}\left(\frac{\partial T}{\partial \dot{r}}\right) - \frac{\partial T}{\partial r} = F_r, \qquad \frac{d}{dt}\left(\frac{\partial T}{\partial \dot{\theta}}\right) - \frac{\partial T}{\partial \theta} = rF_\theta \tag{9.17}$$

となる。ここで，微小仕事 (2.3節参照) を考えると，

$$\delta W = \boldsymbol{F} \cdot d\boldsymbol{r} = F_r dr + F_\theta r d\theta$$
$$(\boldsymbol{F} = F_r \boldsymbol{e}_r + F_\theta \boldsymbol{e}_\theta, \quad d\boldsymbol{r} = dr \boldsymbol{e}_r + r d\theta \boldsymbol{e}_\theta)$$

であるから，これを，

$$\delta W = Q_r dr + Q_\theta d\theta$$

と書き直すと，(9.17) 式は，

$$\frac{d}{dt}\left(\frac{\partial T}{\partial \dot{r}}\right) - \frac{\partial T}{\partial r} = Q_r, \qquad \frac{d}{dt}\left(\frac{\partial T}{\partial \dot{\theta}}\right) - \frac{\partial T}{\partial \theta} = Q_\theta \tag{9.18}$$

と書ける。この Q_r, Q_θ のことを**一般化力**とよんでいる。

以上 (9.5)式，(9.8)式，(9.13)式，(9.18)式をまとめてみると，平面 xy 座標，平面極座標で形をそろえて以下のように表記することができる。

$$\frac{d}{dt}\left(\frac{\partial T}{\partial \dot{x}}\right) - \frac{\partial T}{\partial x} = F_x, \qquad \frac{d}{dt}\left(\frac{\partial T}{\partial \dot{y}}\right) - \frac{\partial T}{\partial y} = F_y \tag{9.19}$$

$$\frac{d}{dt}\left(\frac{\partial T}{\partial \dot{r}}\right) - \frac{\partial T}{\partial r} = Q_r, \qquad \frac{d}{dt}\left(\frac{\partial T}{\partial \dot{\theta}}\right) - \frac{\partial T}{\partial \theta} = Q_\theta \tag{9.20}$$

このように，エネルギー表記を用いると，直交座標でも極座標でも運動に関する同じ形の式をつくり上げることができる。次項から，以上の考察をより一般的に考えていく。

C 一般化座標

直交座標と極座標では，

$$x = r\cos\theta, \qquad \dot{x} = \dot{r}\cos\theta - r\dot{\theta}\sin\theta$$
$$y = r\sin\theta, \qquad \dot{y} = \dot{r}\sin\theta + r\dot{\theta}\cos\theta$$

の関係がある。この関係から次のことがわかる。

> x, y は r, θ の関数として表される。
> $\dot{x}$, $\dot{y}$ は r, θ および $\dot{r}$, $\dot{\theta}$ の関数として表される。

9.1 運動方程式と運動エネルギーの関係式

これを，座標系に関わりなくより一般的に考えるために，

> x は， $q_1, q_2, \cdots, q_n$ の関数として表される。
> $\dot{x}$ は， $q_1, q_2, \cdots, q_n$ および $\dot{q}_1, \dot{q}_2, \cdots, \dot{q}_n$ の関数として表される。

という q を導入する。単なる質点ではなく質点系の問題にも応用できるように，質点系のすべての質点の様子を表すためには，上記の座標の集合体を考え，上記で表現できる x を n 個用意する。すなわち，

> x_1 は， $q_1, q_2, \cdots, q_n$ の関数として表される。
> $\dot{x}_1$ は， $q_1, q_2, \cdots, q_n$ および $\dot{q}_1, \dot{q}_2, \cdots, \dot{q}_n$ の関数として表される。
>
> x_2 は， $q_1, q_2, \cdots, q_n$ の関数として表される。
> $\dot{x}_2$ は， $q_1, q_2, \cdots, q_n$ および $\dot{q}_1, \dot{q}_2, \cdots, \dot{q}_n$ の関数として表される。
> $\vdots$
> x_n は， $q_1, q_2, \cdots, q_n$ の関数として表される。
> $\dot{x}_n$ は， $q_1, q_2, \cdots, q_n$ および $\dot{q}_1, \dot{q}_2, \cdots, \dot{q}_n$ の関数として表される。

上記のような， $\dot{q}_1, \dot{q}_2, \cdots, \dot{q}_n$ のことを**一般化座標**とよんでいる。これを用いて質点の運動に関する式をつくると，前項 **A**，**B** での議論から，(9.19) 式，(9.20) 式にならって， q_i に対し

$$\frac{d}{dt}\left(\frac{\partial T}{\partial \dot{q}_i}\right) - \frac{\partial T}{\partial q_i} = Q_i \tag{9.21}$$

と書けることがわかる。これは，直交座標における運動方程式を一般化座標へと拡張した運動を表す方程式と考えることができる。

D ラグランジュ関数とラグランジュの運動方程式

直交座標と比較しながら，(9.21) 式をより使いやすい形に変形してみよう。
「 x_1 は， $q_1, q_2, \cdots, q_n$ の関数として表される」ことより，

9 解析力学の基礎

$$dx_1 = \frac{\partial x_1}{\partial q_1}dq_1 + \frac{\partial x_1}{\partial q_2}dq_2 + \cdots + \frac{\partial x_1}{\partial q_n}dq_n = \sum_{i=1}^{n}\frac{\partial x_1}{\partial q_i}dq_i \tag{9.22}$$

となり，同様に，

$$dx_2 = \sum_{i=1}^{n}\frac{\partial x_2}{\partial q_i}dq_i, \quad dx_3 = \sum_{i=1}^{n}\frac{\partial x_3}{\partial q_i}dq_i, \quad \cdots, \quad dx_n = \sum_{i=1}^{n}\frac{\partial x_n}{\partial q_i}dq_i \tag{9.23}$$

と書ける。ここで，微小仕事を考えると

$$\begin{aligned}
\delta W_1 &= F_1 dx_1 = F_1 \sum_{i=1}^{n}\frac{\partial x_1}{\partial q_i}dq_i \\
\delta W_2 &= F_2 dx_2 = F_2 \sum_{i=1}^{n}\frac{\partial x_2}{\partial q_i}dq_i \\
&\vdots \\
\delta W_n &= F_n dx_n = F_n \sum_{i=1}^{n}\frac{\partial x_n}{\partial q_i}dq_i
\end{aligned} \tag{9.24}$$

であるから，$\delta W = \delta W_1 + \delta W_2 + \cdots + \delta W_n$ は，

$$\delta W = \sum_{i=1}^{n}\sum_{j=1}^{n} F_j \frac{\partial x_j}{\partial q_i}dq_i \tag{9.25}$$

となる。ここで，一般化力として，

$$Q_i = \sum_{j=1}^{n} F_j \frac{\partial x_j}{\partial q_i} \tag{9.26}$$

を導入すると，

$$\delta W = \sum_{i=1}^{n} Q_i dq_i \tag{9.27}$$

と表記でき，直交座標における微小仕事 $\delta W = \sum_{i=1}^{n} F_i dx_i$ に対応する式を得ることができる。(9.26) 式で定義される Q_i のことを **q_i に対する一般化力**とよぶ。

直交座標において，質点に働く力が保存力で，ポテンシャル U を定義できるときには，2.4 節で学んだように，

$$F_1 = -\frac{\partial U}{\partial x_1}, \; F_2 = -\frac{\partial U}{\partial x_2}, \; \cdots, \; F_n = -\frac{\partial U}{\partial x_n} \tag{9.28}$$

と書ける。すなわち，(9.26) 式の F_j は，U を用いると

$$F_j = -\frac{\partial U}{\partial x_j} \tag{9.29}$$

と書けるので，(9.26) 式は，

$$Q_i = -\sum_{j=1}^{n} \frac{\partial U}{\partial x_j} \frac{\partial x_j}{\partial q_i} = -\frac{\partial U}{\partial q_i} \quad \boxed{\text{合成関数の微分}} \tag{9.30}$$

となり，一般化力 Q_i に対して (9.29) 式と同型の式が成立することがわかる。この Q_i を (9.21) 式に代入すると，

$$\frac{d}{dt}\left(\frac{\partial T}{\partial \dot{q}_i}\right) - \frac{\partial T}{\partial q_i} = -\frac{\partial U}{\partial q_i}$$

$$\therefore \quad \frac{d}{dt}\left(\frac{\partial T}{\partial \dot{q}_i}\right) - \frac{\partial T}{\partial q_i} + \frac{\partial U}{\partial q_i} = 0 \tag{9.31}$$

となる。ここで，**ラグランジュ関数（ラグランジアン）**とよばれる

$$L = T - U \tag{9.32}$$

を定義すると，(9.31) 式は，

$$\frac{d}{dt}\left(\frac{\partial L}{\partial \dot{q}_i}\right) - \frac{\partial L}{\partial q_i} = 0 \tag{9.33}$$

と書き直すことができる（(9.33) 式に (9.32) 式を代入して確認してみよう）。なお，U は $\dot{q}_1, \dot{q}_2, \cdots, \dot{q}_n$ に依存しないので $\frac{\partial U}{\partial \dot{q}_i} = 0$ である。この (9.33) 式を**ラグランジュの運動方程式**とよんでいる。この式は，運動におけるラグランジュ関数がわかればその運動を解析できるという意味で，力学においては非常に有用な式である。

なお，着目物体に，保存力以外の力（非保存力）が働く場合には，その一般化力を $Q_i{}'$ として，

$$\frac{d}{dt}\left(\frac{\partial L}{\partial \dot{q}_i}\right) - \frac{\partial L}{\partial q_i} = Q_i{}' \tag{9.34}$$

と書くことができる。

例題 9-1　ラグランジュ関数 L

直交座標は一般に (x, y, z) で表すが，これを (x_1, x_2, x_3) と書くことにする。ラグランジュ関数を L とするとき，

$$\frac{d}{dt}\left(\frac{\partial L}{\partial \dot{x}_i}\right) - \frac{\partial L}{\partial x_i} = 0 \quad (i = 1, 2, 3)$$

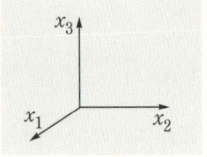

が成立することを，運動方程式から導きなさい。

● 解答

ポテンシャルを U とおくと，運動方程式は

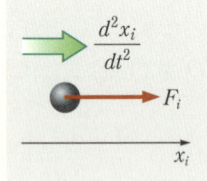

$$m\frac{d^2 x_i}{dt^2} = F_i = -\frac{\partial U}{\partial x_i} \quad (i = 1, 2, 3)$$

また，運動エネルギー T を用いて書くと，(9.6) 式より

$$m\frac{d^2 x_i}{dt^2} = \frac{d}{dt}(m\dot{x}_i) = \frac{d}{dt}\left(\frac{\partial T}{\partial \dot{x}_i}\right)$$

U は x_i のみの関数であるから $L=T-U$ より

$$\frac{d}{dt}\left(\frac{\partial L}{\partial \dot{x}_i}\right) = \frac{d}{dt}\left(\frac{\partial T}{\partial \dot{x}_i}\right) = m\frac{d^2 x_i}{dt^2}$$

T は $\dot{x}_i$ のみの関数であるから $L=T-U$ より

$$\frac{\partial L}{\partial x_i} = -\frac{\partial U}{\partial x_i}$$

$$\therefore \quad \frac{d}{dt}\left(\frac{\partial L}{\partial \dot{x}_i}\right) - \frac{\partial L}{\partial x_i} = m\frac{d^2 x_i}{dt^2} + \frac{\partial U}{\partial x_i} = 0$$

例題 9-2　力学的エネルギー保存則

ラグランジュ関数 L が，$q_i, \dot{q}_i$ を通しての時間 t の関数で，時間 t を直接含まないとする。さらに，質点に働く力が保存力のみの場合，ラグランジュの方程式から力学的エネルギー保存則を導きなさい。

● 解答

ラグランジュの方程式（(9.33) 式）より次式が得られる。

$$\frac{\partial L}{\partial q_i} = \frac{d}{dt}\left(\frac{\partial L}{\partial \dot{q}_i}\right) \quad \text{①}$$

ここで，L を t で微分してみる。

$$\begin{aligned}
\frac{dL}{dt} &= \sum_i \frac{\partial L}{\partial q_i}\dot{q}_i + \sum_i \frac{\partial L}{\partial \dot{q}_i}\ddot{q}_i \\
&= \sum_i \left\{\dot{q}_i \frac{d}{dt}\left(\frac{\partial L}{\partial \dot{q}_i}\right) + \ddot{q}_i \frac{\partial L}{\partial \dot{q}_i}\right\} \quad \text{（ここで①式を用いた）} \\
&= \sum_i \left\{\frac{d}{dt}\left(\dot{q}_i \frac{\partial L}{\partial \dot{q}_i}\right)\right\} = \frac{d}{dt}\sum_i \dot{q}_i \frac{\partial L}{\partial \dot{q}_i}
\end{aligned}$$

移項すると　$\dfrac{d}{dt}\left\{\sum_i \dot{q}_i \dfrac{\partial L}{\partial \dot{q}_i} - L\right\} = 0$　であるから

$$\sum_i \dot{q}_i \frac{\partial L}{\partial \dot{q}_i} - L = E \quad (E：定数)$$

ここで上式の左の項に着目して

$$\sum_i \dot{q}_i \frac{\partial L}{\partial \dot{q}_i} = \sum_i \dot{q}_i \frac{\partial (T-U)}{\partial \dot{q}_i} = \sum_i \dot{q}_i \frac{\partial T}{\partial \dot{q}_i} \quad \text{（U は $\dot{q}_i$ を含まない）}$$

また，T は $\dot{q}_i$ の 2 次の同次式であるから

$$\sum_i \dot{q}_i \frac{\partial T}{\partial \dot{q}_i} = 2T$$

$$\therefore\ 2T - L = E \quad \therefore\ 2T - (T-U) = E \quad \therefore\ T + U = E$$

これより，力学的エネルギー保存則が証明された。

9.2 ラグランジュの方程式の具体例

以下では，簡単な運動に対してラグランジュの方程式の使い方の例を3例示す。質点に働く力を分析することなく，エネルギー論から運動方程式が導かれるところを十分に理解して欲しい。

A アトウッドの滑車

図9.1のように質量 m, $M(M>m)$ のおもりを糸の両端に取り付け，なめらかな棒にかける。このときの運動について，ラグランジュの方程式から考える。

運動エネルギー T は，

$$T = \frac{1}{2}m\dot{x}^2 + \frac{1}{2}M\dot{x}^2 \qquad (9.35)$$

また，各おもりの初期位置を基準とした重力によるポテンシャルは，

$$U = mgx + (-Mgx) \qquad (9.36)$$

図9.1 アトウッドの滑車

であるから，ラグランジュ関数 $L=T-U$ は，

$$L = \frac{1}{2}m\dot{x}^2 + \frac{1}{2}M\dot{x}^2 - (mgx - Mgx) \qquad (9.37)$$

である。これより，

$$\frac{\partial L}{\partial \dot{x}} = m\dot{x} + M\dot{x}, \qquad \frac{\partial L}{\partial x} = -(mg - Mg) \qquad (9.38)$$

であるから，ラグランジュの方程式は，(9.33) 式より

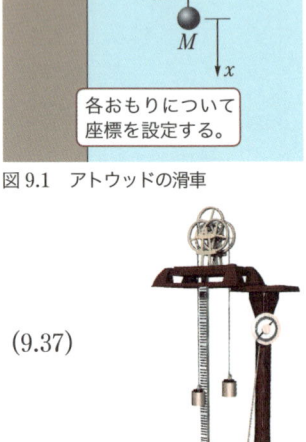

アトウッドの器械

$$\frac{d}{dt}(m\dot{x} + M\dot{x}) - \{-(mg - Mg)\} = 0 \qquad (9.39)$$

$$\therefore \ (M+m)\ddot{x} = (M-m)g \qquad (9.40)$$

となり，運動方程式が得られる。これより，各おもりの加速度 a は，次のようになる。

$$\alpha = \ddot{x} = \frac{M-m}{M+m}g \tag{9.41}$$

これまでの運動方程式を考える方法と同様の結果が得られた。

B なめらかな斜面上の運動

図 9.2 のように，傾角 θ のなめらかな斜面上で，初速 v_0 で質点を斜面上方に向けて投げ出した場合を考える。

初期位置を重力によるポテンシャルの基準とすると，運動エネルギーとポテンシャルは

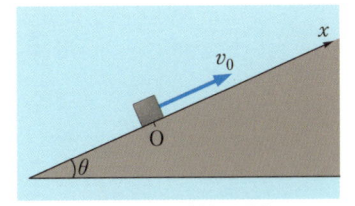

図 9.2 斜面に沿った質点の運動

$$T = \frac{1}{2}m\dot{x}^2, \quad U = mgx\sin\theta \tag{9.42}$$

であるから，ラグランジュ関数は

$$L = T - U = \frac{1}{2}m\dot{x}^2 - mgx\sin\theta \tag{9.43}$$

となる。これより，

$$\frac{\partial L}{\partial \dot{x}} = m\dot{x}, \quad \frac{\partial L}{\partial x} = -mg\sin\theta \tag{9.44}$$

であるから，ラグランジュの方程式は，

$$\frac{d}{dt}(m\dot{x}) - (-mg\sin\theta) = 0$$

となる。よって，運動方程式および加速度は次のようになる。

$$m\ddot{x} = -mg\sin\theta \quad \therefore \quad \ddot{x} = -g\sin\theta \tag{9.45}$$

C 単振り子

図 9.3 のように，長さ l の軽い糸に質量 m の質点が取り付けられた単振り子を考える。質点の速さは，

$$v = l\dot{\theta}$$

であるから，運動エネルギーは，

$$T = \frac{1}{2}mv^2 = \frac{1}{2}ml^2\dot{\theta}^2 \qquad (9.46)$$

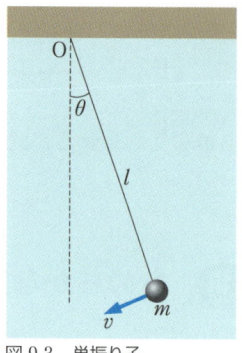

図 9.3 単振り子

である。また，重力によるポテンシャルの基準を，図の点 O とすると

$$U = -mgl\cos\theta \qquad (9.47)$$

であるから，ラグランジュ関数 L は，

$$L = T - U = \frac{1}{2}ml^2\dot{\theta}^2 + mgl\cos\theta \qquad (9.48)$$

である。これより

$$\frac{\partial L}{\partial \dot{\theta}} = ml^2\dot{\theta}, \qquad \frac{\partial L}{\partial \theta} = -mgl\sin\theta \qquad (9.49)$$

となるので，ラグランジュの方程式は，

$$\frac{d}{dt}(ml^2\dot{\theta}) + mgl\sin\theta = 0$$

となる。よって，運動方程式および加速度は次のようになる。

$$ml^2\ddot{\theta} + mgl\sin\theta = 0 \quad \therefore \quad \ddot{\theta} = -\frac{g}{l}\sin\theta \qquad (9.50)$$

ここで，微小振動である場合には，$\sin\theta \fallingdotseq \theta$ と書けるので，加速度は次のように表せる。

$$\ddot{\theta} = -\frac{g}{l}\theta \qquad (9.51)$$

補説．束縛条件

ここでは，ラグランジュの方程式を解くうえで重要となる束縛条件について考えよう．図9.4のように，傾角 θ のなめらかな斜面上を質点（質量 m）が滑っているとする．当然，斜面方向（x 方向）には

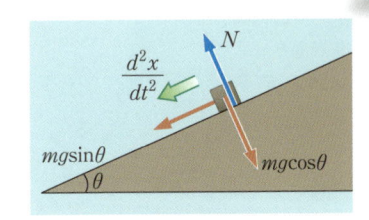

図 9.4　斜面上を滑る質点

$$\text{運動方程式} \quad m\frac{d^2 x}{dt} = mg\sin\theta \tag{9.52}$$

斜面に垂直な方向（y 方向）では，垂直抗力を N として

$$\text{力のつり合い} \quad N = mg\cos\theta \tag{9.53}$$

となる．このとき (9.53) 式は，斜面上を運動するという束縛を表す式であることはいうまでもない．すなわち，質点は，斜面の中にくい込んでいくこともなければ，斜面から離れて運動することもないという束縛である．これは，式を用いると，質点が運動している間はつねに，

$$y = 0, \quad \dot{y} = 0, \quad \ddot{y} = 0 \tag{9.54}$$

が成立していることに他ならない．すなわち，この運動に関しては，運動の自由度が1つ減少することになる．

円運動や単振り子などでは，半径がつねに一定値であるから（図 9.5），これらの運動の束縛条件は，半径を l として

$$r - l = 0, \quad \dot{r} = 0, \quad \ddot{r} = 0 \tag{9.55}$$

となる．このように，ある座標に対して（この例では y と r）束縛条件として，

$$\text{関係式} \quad f(q_1, q_2, \cdots, q_n) = 0$$

が成立する束縛条件を，**ホロノミックな束縛（ホロノーム系）**という．

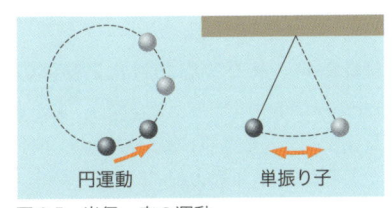

図 9.5　半径一定の運動

例題9-3　放物運動と単振動

以下の現象について，ラグランジュ関数 L を求め，ラグランジュの方程式から，運動方程式を導きなさい．

(1) 3次元空間内での放物運動　　(2) 単振動

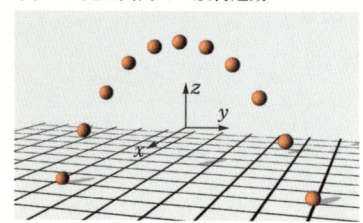

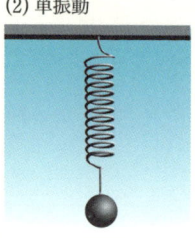

● **解答**

(1) 鉛直上方を z 軸とする．運動エネルギー T と重力によるポテンシャル U は次式のとおりである．

$$T = \frac{1}{2}m(\dot{x}^2 + \dot{y}^2 + \dot{z}^2), \quad U = mgz$$

よって，ラグランジュ関数 L は次のように書ける．

$$L = T - U = \frac{1}{2}m(\dot{x}^2 + \dot{y}^2 + \dot{z}^2) - mgz$$

$$\frac{\partial L}{\partial \dot{x}} = m\dot{x}, \ \frac{\partial L}{\partial x} = 0, \ \frac{\partial L}{\partial \dot{y}} = m\dot{y}, \ \frac{\partial L}{\partial y} = 0, \ \frac{\partial L}{\partial \dot{z}} = m\dot{z}, \ \frac{\partial L}{\partial z} = -mg$$

以上より

$$\frac{d}{dt}(m\dot{x}) - 0 = 0 \quad \therefore \ m\ddot{x} = 0$$

$$\frac{d}{dt}(m\dot{y}) - 0 = 0 \quad \therefore \ m\ddot{y} = 0$$

$$\frac{d}{dt}(m\dot{z}) - (-mg) = 0 \quad \therefore \ m\ddot{z} = -mg$$

(2) $T = \frac{1}{2}m\dot{x}^2, \ U = \frac{1}{2}kx^2 \quad \therefore \ L = T - U = \frac{1}{2}m\dot{x}^2 - \frac{1}{2}kx^2$

$$\frac{\partial L}{\partial \dot{x}} = m\dot{x}, \ \frac{\partial L}{\partial x} = -kx$$

以上より　$\frac{d}{dt}(m\dot{x}) - (-kx) = 0 \quad \therefore \ m\ddot{x} = -kx$

例題9-4　糸でつながれた2物体の運動方程式

なめらかな板の1カ所に穴を開け，糸を通して，水平面上に質量 m，また，反対側の糸の端に質量 M の質点を取り付けて鉛直にぶら下げ，質量 m の質点を回転運動させる．図のように，r, θ を定めるとき，運動方程式が，以下のように表されることを，ラグランジュの方程式から導きなさい．

9.2 ラグランジュの方程式の具体例

$$(M+m)\ddot{r} - mr\dot{\theta}^2 + Mg = 0$$

$$\frac{d}{dt}(mr^2\dot{\theta}) = 0$$

ただし，g は重力加速度の大きさである。

● **解答**

糸の長さを l とする。また鉛直の部分の糸の長さを x とする（$x=l-r$）。

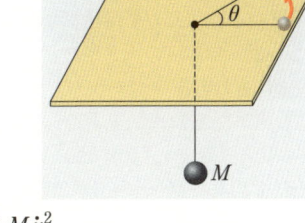

  運動エネルギー T : $T = \frac{1}{2}m(\dot{r}^2 + r^2\dot{\theta}^2) + \frac{1}{2}M\dot{x}^2$

  ポテンシャル U : $U = -Mgx$

よって，ラグランジュ関数は次のようになる。

$$L = T - U = \frac{1}{2}m(\dot{r}^2 + r^2\dot{\theta}^2) + \frac{1}{2}M\dot{x}^2 + Mgx$$

ここで，$x=l-r$ より

$$L = \frac{1}{2}m(\dot{r}^2 + r^2\dot{\theta}^2) + \frac{1}{2}M\dot{r}^2 + Mg(l-r)$$

よって，

$$\frac{\partial L}{\partial \dot{r}} = m\dot{r} + M\dot{r}, \quad \frac{\partial L}{\partial r} = mr\dot{\theta}^2 - Mg \quad\quad ①$$

$$\frac{\partial L}{\partial \dot{\theta}} = mr^2\dot{\theta}, \quad \frac{\partial L}{\partial \theta} = 0 \quad\quad ②$$

①式よりラグランジュの方程式は次のようになる。

$$\frac{d}{dt}(m\dot{r} + M\dot{r}) - (mr\dot{\theta}^2 - Mg) = 0$$

よって，運動方程式は次のようになる。

$$(M+m)\ddot{r} - mr\dot{\theta}^2 + Mg = 0$$

同様に②式より

$$\frac{d}{dt}(mr^2\dot{\theta}) - 0 = 0 \quad \therefore \quad \frac{d}{dt}(mr^2\dot{\theta}) = 0$$

演習問題

9-1

動滑車Aと定滑車Bを組み合わせて，3つ（質量はそれぞれ m_1, m_2, m_3）のおもりを図のように糸にとりつけ静止させた。この状態からの運動について以下の問いに答えなさい。ただし，滑車の質量は無視できるものとし，重力加速度の大きさを g とする。

(1) それぞれの滑車にかかっている部分の糸の長さを除いた糸の長さを l_1, l_2 とし，図のように x, y を決めると x, y が δx, δy だけ増加したときの重力のした仕事 δW を求めなさい。質量 (m_1, m_2, m_3), g, δx, δy を用いて表しなさい。

(2) (1)の結果より，一般化力 Q_x, Q_y を求めなさい。

(3) 全運動エネルギー T を求めなさい。

(4) (9.21)式にしたがって一般化座標に拡張した運動方程式を書きなさい。このとき，
$m_1 = 2m$, $m_2 = 2m$, $m_3 = m$
として計算しなさい。

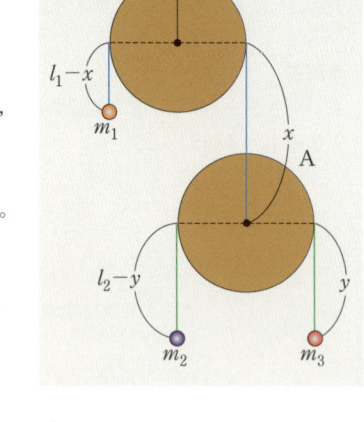

(5) (4)を用いて，それぞれのおもりの加速度を g を用いて表しなさい。

9-2

長さ l の伸び縮みしない糸に質量 m のおもりを取り付け，一端を固定した振り子がある。おもりの静止位置からの変位を座標で $(x_1, y_1), (x_2, y_2)$ とする。また，重力加速度の大きさを g とする。以下の問いに答えなさい。

(1) それぞれのおもりの座標 x_1, y_1, x_2, y_2 を l および図の θ_1, θ_2 を用いて表しなさい。

(2) ラグランジュ関数 L を x_1, y_1, x_2, y_2, m, g を用いて表しなさい。

(3) L を $m, l, \theta_1, \theta_2, g$ を用いて表しなさい。ただし，θ に対して，
$$\cos\theta = 1 - \frac{1}{2}\theta^2$$
の近似式を用いなさい。

(4) ラグランジュの運動方程式を求めなさい。

(5) 2つのおもりが同じ角振動数 ω で運動しているとする。初期位相を ϕ とするとき，(4)の運動方程式を ω を用いて書きなさい。ただし，振動の振幅をそれぞれ A_1, A_2 とする。

(6) ω を求めよ。また，A_1/A_2 を求めなさい。

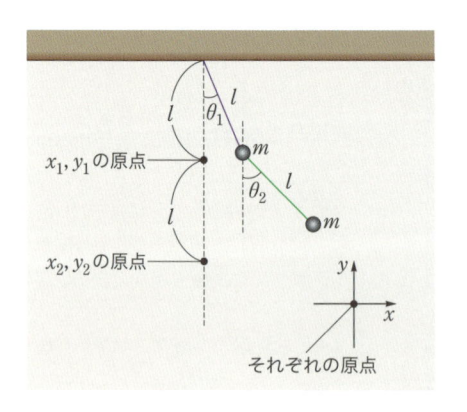

1. 偏微分について

$f(x, y, z)$ という任意の関数に対して，f の x に対する変化率を考えるとき，y, z を定数として

$$\frac{\partial f}{\partial x} = \lim_{\Delta x \to 0} \frac{f(x+\Delta x, y, z) - f(x, y, z)}{\Delta x}$$

と考える。このとき，この式のことを f を x で偏微分するとよび，$\frac{\partial f}{\partial x}$ のことを f の x に関する偏導関数という。

(例) $f(x, y, z) = 2x + x^2 + y^2 + z + 3z^2$ のとき，次のようになる。

$$\frac{\partial f}{\partial x} = 2 + 2x \, , \, \frac{\partial f}{\partial y} = 2y \, , \, \frac{\partial f}{\partial z} = 1 + 6z$$

2. 外積について

外積の定義 $\boldsymbol{A} \times \boldsymbol{B} = |\boldsymbol{A}\|\boldsymbol{B}|\sin\theta \cdot \boldsymbol{e}$

$\boldsymbol{A} = A_x\boldsymbol{i} + A_y\boldsymbol{j} + A_z\boldsymbol{k}, \, \boldsymbol{B} = B_x\boldsymbol{i} + B_y\boldsymbol{j} + B_z\boldsymbol{k}$ とすると

$\boldsymbol{A} \times \boldsymbol{B} = (A_yB_z - A_zB_y)\boldsymbol{i} + (A_zB_x - A_xB_z)\boldsymbol{j} + (A_xB_y - A_yB_x)\boldsymbol{k}$

と書ける。また，外積の性質として重要な式を以下に示す。

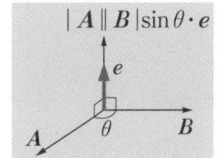

$\boldsymbol{A} \times \boldsymbol{B} = -\boldsymbol{B} \times \boldsymbol{A} \qquad \boldsymbol{i} \times \boldsymbol{i} = \boldsymbol{j} \times \boldsymbol{j} = \boldsymbol{k} \times \boldsymbol{k} = 0$

$\boldsymbol{i} \times \boldsymbol{j} = \boldsymbol{k} \, , \, \boldsymbol{j} \times \boldsymbol{k} = \boldsymbol{i} \, , \, \boldsymbol{k} \times \boldsymbol{i} = \boldsymbol{j}$

3. 本文の (7.11) ～ (7.16) 式の導出 (p.147)

本文の (7.9), (7.10) 式より，速度の成分を求める。ω が一定であることに注意して，速度の定義より，

$$\begin{aligned} v_x &= \frac{dx}{dt} = \frac{dx'}{dt}\cos\omega t + x'(-\omega\sin\omega t) - \frac{dy'}{dt}\sin\omega t - y'\omega\cos\omega t \\ &= v_{x'}\cos\omega t - x'\omega\sin\omega t - v_{y'}\sin\omega t - y'\omega\cos\omega t \end{aligned} \tag{7.11}$$

$$\begin{aligned} v_y &= \frac{dy}{dt} = \frac{dx'}{dt}\sin\omega t + x'\omega\cos\omega t + \frac{dy'}{dt}\cos\omega t + y'(-\omega\sin\omega t) \\ &= v_{x'}\sin\omega t + x'\omega\cos\omega t + v_{y'}\cos\omega t - y'\omega\sin\omega t \end{aligned} \tag{7.12}$$

となる。これより，加速度は，

$$a_x = \frac{dv_x}{dt} = \frac{dv_{x'}}{dt}\cos\omega t + v_{x'}(-\omega\sin\omega t) - \frac{dx'}{dt}\omega\sin\omega t - x'\omega^2\cos\omega t$$

$$-\frac{dv_{y'}}{dt}\sin\omega t - v_{y'}\omega\cos\omega t - \frac{dy'}{dt}\omega\cos\omega t - y'(-\omega^2\cos\omega t)$$

$$= a_{x'}\cos\omega t - \omega v_{x'}\sin\omega t - \omega v_{x'}\sin\omega t - \omega^2 x'\cos\omega t - a_{y'}\sin\omega t$$

$$- \omega v_{y'}\cos\omega t - \omega v_{y'}\cos\omega t + \omega^2 y'\cos\omega t$$

$$\therefore a_x = a_{x'}\cos\omega t - 2\omega v_{x'}\sin\omega t - \omega^2 x'\cos\omega t - a_{y'}\sin\omega t$$

$$- 2\omega v_{y'}\cos\omega t + \omega^2 y'\sin\omega t$$

$$= a_{x'}\cos\omega t - a_{y'}\sin\omega t - 2\omega(v_{x'}\sin\omega t + v_{y'}\cos\omega t)$$

$$- \omega^2(x'\cos\omega t - y'\sin\omega t) \tag{7.13}$$

同様に，a_y について計算すると，

$$a_y = \frac{dv_y}{dt}$$

$$= a_{x'}\sin\omega t + 2\omega v_{x'}\cos\omega t - \omega^2 x'\sin\omega t + a_{y'}\cos\omega t$$

$$- 2\omega v_{y'}\sin\omega t - \omega^2 y'\cos\omega t$$

$$= a_{x'}\sin\omega t + a_{y'}\cos\omega t + 2\omega(v_{x'}\cos\omega t - v_{y'}\sin\omega t)$$

$$- \omega^2(x'\sin\omega t + y'\cos\omega t) \tag{7.14}$$

となる。ここで，(7.13) 式，(7.14) 式にそれぞれ $\cos\omega t$，$\sin\omega t$ をかけて，

$$a_x\cos\omega t = a_{x'}\cos^2\omega t - a_{y'}\sin\omega t\cos\omega t - 2\omega(v_{x'}\sin\omega t + v_{y'}\cos\omega t)\cos\omega t$$

$$- \omega^2(x'\cos\omega t - y'\sin\omega t)\cos\omega t$$

$$a_y\sin\omega t = a_{x'}\sin^2\omega t + a_{y'}\cos\omega t\sin\omega t + 2\omega(v_{x'}\cos\omega t - v_{y'}\sin\omega t)\sin\omega t$$

$$- \omega^2(x'\sin\omega t + y'\cos\omega t)\sin\omega t$$

となる。和をとって，

$$a_x\cos\omega t + a_y\sin\omega t = a_{x'} - 2\omega v_{y'} - \omega^2 x'$$

同様に，①，②式にそれぞれ $\sin\omega t$，$\cos\omega t$ をかけて，差をとると

$$a_x\sin\omega t - a_y\cos\omega t = -a_{y'} - 2\omega v_{x'} + \omega^2 y'$$

これより，等速回転座標系での加速度 $\boldsymbol{a}'(a_{x'}, a_{y'})$ は，次のようになる。

$$a_{x'} = a_x\cos\omega t + a_y\sin\omega t + 2\omega v_{y'} + \omega^2 x' \tag{7.15}$$

$$a_{y'} = -a_x\sin\omega t + a_y\cos\omega t - 2\omega v_{x'} + \omega^2 y' \tag{7.16}$$

演習問題解答

第1章
1-1

(1) $v = \dfrac{dx}{dt} = B + 2Ct$

$a = \dfrac{dv}{dt} = 2C$

$v = 0$ とすると $t = -\dfrac{B}{2C}$

(2) $v = \dfrac{dx}{dt} = A(-\beta e^{-\beta t}\cos\omega t - e^{-\beta t}\omega\sin\omega t)$

$\qquad = -A e^{-\beta t}(\beta\cos\omega t + \omega\sin\omega t)$

$a = \dfrac{dv}{dt} = -A\{-\beta e^{-\beta t}(\beta\cos\omega t + \omega\sin\omega t) + e^{-\beta t}(-\omega\beta\sin\omega t + \omega^2\cos\omega t)\}$

$\qquad = A e^{-\beta t}\{(\beta^2 - \omega^2)\cos\omega t + 2\beta\omega\sin\omega t\}$

$v = 0$ とすると $\beta\cos\omega t + \omega\sin\omega t = \sqrt{\beta^2 + \omega^2}\cdot\sin(\omega t + \gamma) = 0$

$\qquad\therefore\ \omega t + \gamma = \pi n \quad (n = 0, \pm 1, \pm 2, \cdots)$

$\qquad\therefore\ t = \dfrac{\pi n}{\omega} - \dfrac{\gamma}{\omega} \qquad$ ただし, $\tan\gamma = \dfrac{\beta}{\omega}$

(3) $v = \dfrac{dx}{dt} = \omega A\cos\omega t - \omega B\sin\omega t = \omega(A\cos\omega t - B\sin\omega t)$

$a = \dfrac{dv}{dt} = -\omega^2 A\sin\omega t - \omega^2 B\cos\omega t$

$\qquad = -\omega^2(A\sin\omega t + B\cos\omega t) \quad [= -\omega^2 x]$

$v = 0$ とすると $A\cos\omega t - B\sin\omega t = \sqrt{A^2 + B^2}\cos(\omega t + \gamma) = 0$

$\qquad\therefore\ \omega t + \gamma = \pi\cdot n + \dfrac{\pi}{2} \quad (n = 0, \pm 1, \pm 2, \cdots)$

$\qquad\therefore\ t = \dfrac{1}{\omega}\left(\pi\cdot n + \dfrac{\pi}{2}\right) - \dfrac{\gamma}{\omega} \quad$ ただし, $\tan\gamma = \dfrac{B}{A}$

演習問題解答

1-2

(1) $x = r\cos\omega t,\ y = r\sin\omega t$ より

$$\frac{dx}{dt} = -r\omega\sin\omega t, \quad \frac{dy}{dt} = r\omega\cos\omega t$$

$$\therefore\ v_r = \frac{dx}{dt}\cos\omega t + \frac{dy}{dt}\sin\omega t$$

$$= -r\omega\sin\omega t\cos\omega t + r\omega\cos\omega t\sin\omega t$$

$$= 0$$

$$v_\theta = -\frac{dx}{dt}\sin\omega t + \frac{dy}{dt}\cos\omega t$$

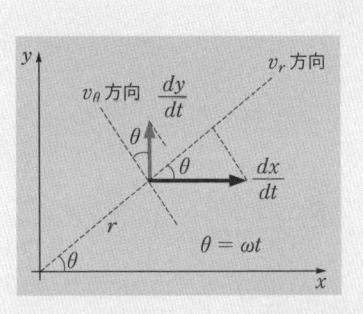

$$= r\omega\sin^2\omega t + r\omega\cos^2\omega t = r\omega$$

(2) $\dfrac{d^2x}{dt^2} = -r\omega^2\cos\omega t,\quad \dfrac{d^2y}{dt^2} = -r\omega^2\sin\omega t$

$$\therefore\ a_r = \frac{d^2x}{dt^2}\cos\omega t + \frac{d^2y}{dt^2}\sin\omega t$$

$$= -r\omega^2\cos^2\omega t - r\omega^2\sin^2\omega t = -r\omega^2$$

$$a_\theta = -\frac{d^2x}{dt^2}\sin\omega t + \frac{d^2y}{dt^2}\cos\omega t$$

$$= -(-r\omega^2\cos\omega t)\sin\omega t - r\omega^2\sin\omega t\cos\omega t = 0$$

1-3

$$v = \frac{dx}{dt} = \frac{1}{\dfrac{dt}{dx}}$$

ここで $y = \dfrac{dt}{dx}$ とおくと，$v = \dfrac{1}{y}$ である。加速度の定義より，

$$\alpha = \frac{dv}{dt} = \frac{dv}{dy}\frac{dy}{dt} = -\frac{1}{y^2}\frac{dy}{dt}$$

$dt = ydx$ より

$$\alpha = -\frac{1}{y^2}\frac{dy}{ydx} = -\frac{1}{y^3}\frac{dy}{dx} \quad \therefore\ \alpha = -v^3\frac{d^2t}{dx^2}$$

（証明終わり）

1-4

$v_r = \dfrac{dr}{dt} = \dfrac{dr}{d\theta}\dfrac{d\theta}{dt}, \quad v_\theta = r\dfrac{d\theta}{dt}$ であるから

$$\dfrac{v_r}{v_\theta} = \dfrac{1}{r}\dfrac{dr}{d\theta} = \dfrac{-v-v\cos\theta}{v\sin\theta} = \dfrac{-1-\cos\theta}{\sin\theta} = -\dfrac{\cos\dfrac{\theta}{2}}{\sin\dfrac{\theta}{2}}$$

θ で積分すると，$\log r = -2\log\sin\dfrac{\theta}{2} + C$ 　（C：積分定数）

$$\therefore\ r = \dfrac{C'}{\sin^2\dfrac{\theta}{2}} = \dfrac{C''}{1-\cos\theta} \qquad (C',\ C''：定数)$$

（証明終わり）

第2章

2-1

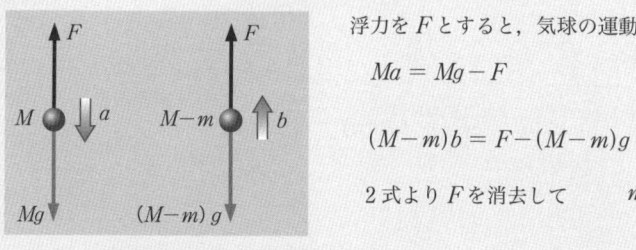

浮力を F とすると，気球の運動方程式は

$$Ma = Mg - F$$

$$(M-m)b = F - (M-m)g$$

2式より F を消去して　$m = \dfrac{b+a}{b+g}M$

2-2

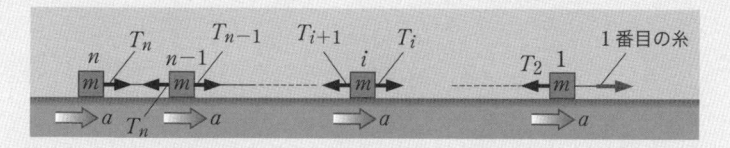

個々の運動方程式は

1 番目：　$ma = F - T_2$
2 番目：　$ma = T_2 - T_3$
　　　　　　　$\vdots$
$i-1$ 番目：　$ma = T_{i-1} - T_i$
i 番目：　$ma = T_i - T_{i+1}$
　　　　　　　$\vdots$
$n-1$ 番目：　$ma = T_{n-1} - T_n$
n 番目：　$ma = T_n$

$(i-1)$ 番目までの和をとると
　$(i-1)ma = F - T_i$
すべての和をとると
　$nma = F$
2式より
　$(i-1)\dfrac{F}{n} = F - T_i$

$$\therefore\ T_i = F\left(1 - \dfrac{i-1}{n}\right)$$

2-3

運動方程式は, $m\dfrac{dv}{dt} = \dfrac{P}{v}$ ($\because\ P = Fv$)

ここで, $\dfrac{dv}{dt} = \dfrac{dv}{dx}\cdot\dfrac{dx}{dt} = v\dfrac{dv}{dx}$ であるから

$$mv\dfrac{dv}{dx} = \dfrac{P}{v} \quad \therefore\ mv^2\dfrac{dv}{dx} = P$$

xで積分すると, $\dfrac{1}{3}mv^3 = Px + C$ (C : 積分定数)

ここで, $v=0$ のとき $x=0$ とすると, $C=0$

$$\dfrac{1}{3}mv^3 = Px$$

$x=s$ とすると, $mv^3 = 3Ps$ (証明終わり)

2-4

加速度を $\alpha(=$ 一定$)$ とする。$v = \alpha t_0$ より, $t_0 = \dfrac{v}{\alpha}$

$$\therefore\ \overline{K} = \dfrac{1}{t_0}\int_0^{t_0}\left(\dfrac{1}{2}mv^2\right)dt = \dfrac{m}{2t_0}\int_0^{t_0}(\alpha t)^2 dt = \dfrac{m\alpha^2}{6t_0}t_0^3$$
$$= \dfrac{m}{6}(\alpha t_0)^2 = \dfrac{1}{6}mv^2$$

2-5

ポテンシャルをもつことより,

$$F_x = -\dfrac{\partial U}{\partial x}, \quad F_y = -\dfrac{\partial U}{\partial y}, \quad F_z = -\dfrac{\partial U}{\partial Z}$$

$$\therefore\ \dfrac{\partial F_x}{\partial y} = -\dfrac{\partial^2 U}{\partial y \partial x}, \quad \dfrac{\partial F_y}{\partial x} = -\dfrac{\partial^2 U}{\partial x \partial y} \quad \therefore\ \dfrac{\partial F_x}{\partial y} = \dfrac{\partial F_y}{\partial x}$$

同様に考えて $\dfrac{\partial F_y}{\partial z} = \dfrac{\partial F_z}{\partial y}, \quad \dfrac{\partial F_z}{\partial x} = \dfrac{\partial F_x}{\partial z}$

(証明終わり)

2-6

ポテンシャルをもつためには, $\dfrac{\partial F_x}{\partial y} = \dfrac{\partial F_y}{\partial x}$ が成立しなくてはならない。

(1) $\dfrac{\partial F_x}{\partial y} = 0, \dfrac{\partial F_y}{\partial x} = 0 \qquad \therefore$ ポテンシャルをもつ

(2) $\dfrac{\partial F_x}{\partial y} = 2kx$, $\dfrac{\partial F_y}{\partial x} = 2kx$ $\quad\therefore\quad$ ポテンシャルをもつ

(3) $\dfrac{\partial F_x}{\partial y} = x$, $\dfrac{\partial F_y}{\partial x} = 0$ $\quad\therefore\quad$ ポテンシャルをもたない

2-7
$t=0$, $x=0$, 初速を 0 とすると,

$$mgx = \dfrac{1}{2} m \left(\dfrac{dx}{dt}\right)^2$$

ここで，運動量は， $p = m\dfrac{dx}{dt}$ $\quad\therefore\quad \dfrac{dx}{dt} = \dfrac{p}{m}$

$\quad\therefore\quad mgx = \dfrac{p^2}{2m}$ $\quad\therefore\quad p = m\sqrt{2gx}$

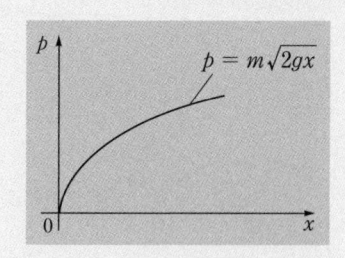

2-8
質量 m, 半径 r, 角速度 ω で運動しているときの角運動量は,

$$L = r \times p = r \cdot mv = mr^2\omega \quad (\because v = r\omega)$$

である。題意より $\quad mr_1^2 \omega_1 = mr_2^2 \omega_2$ $\quad\therefore\quad \omega_2 = \dfrac{r_1^2}{r_2^2}\omega_1$

第3章
3-1
(1) 最大到達距離を考える。落下点までの距離は，(3.21) 式より

$$x = \dfrac{2v_0^2 \sin\theta\cos\theta}{g} = \dfrac{v_0^2 \sin 2\theta}{g}$$

これより，x の最大値は $\sin 2\theta = 1$ $\left(\theta = \dfrac{\pi}{4}\right)$ のときで, $L = \dfrac{v_0^2}{g}$

$\quad\therefore\quad S = \pi L^2 = \dfrac{\pi v_0^4}{g^2}$

(2) 高さ h から投げると，(3.20) 式より $\quad -h = \tan\theta \cdot x - \dfrac{g}{2v_0^2 \cos^2\theta}x^2$

ここで，題意により $\theta = \dfrac{\pi}{4}$ とすると $-h = x - \dfrac{g}{v_0^2}x^2$

解の公式を用いて，$x_{max} = \dfrac{v_0^2 + v_0\sqrt{v_0^2 + 4gh}}{2g}$

3-2
(3.35) 式より，$x = \dfrac{2v_0^2 \sin\theta \cdot \cos(\alpha+\theta)}{g\cos^2\alpha} = \dfrac{v_0^2\{\sin(2\theta+\alpha) - \sin\alpha\}}{g\cos^2\alpha}$

x を最大にするのは，$\sin(2\theta+\alpha) = 1$ $\therefore$ $2\theta + \alpha = \dfrac{\pi}{2}$ $\therefore$ $\theta = \dfrac{\pi}{4} - \dfrac{\alpha}{2}$

このとき，$x_{max} = \dfrac{v_0^2(1-\sin\alpha)}{g\cos^2\alpha} = \dfrac{v_0^2}{g(1+\sin\alpha)}$

3-3
(1) 運動方程式は，$m\dfrac{dv}{dt} = -mkv^2 - mg$

ここで，$\dfrac{dv}{dt} = \dfrac{dy}{dt} \cdot \dfrac{dv}{dy} = v\dfrac{dv}{dy}$ $\therefore$ $v\dfrac{dv}{dy} = -kv^2 - g$

変数分離して $\dfrac{v}{g+kv^2}dv = -dy$

積分して，$\dfrac{1}{2k}\log(g+kv^2) = -y + C$ （C：積分定数）

$y = 0$ のとき，$v = v_0$ より $C = \dfrac{1}{2k}\log(g+kv_0^2)$

$\therefore$ $y = -\dfrac{1}{2k}\log\dfrac{g+kv^2}{g+kv_0^2} = \dfrac{1}{2k}\log\dfrac{g+kv_0^2}{g+kv^2}$

最高点 $y = h$ では，$v = 0$ $\therefore$ $h = \dfrac{1}{2k}\log\dfrac{g+kv_0^2}{g}$

(2) 同様に，$v\dfrac{dv}{dy} = kv^2 - g$ $\therefore$ $\dfrac{1}{2k}\log(g-kv^2) = y + C'$ （C'：積分定数）

$y = h$ のとき，$v = 0$ より $C' = \dfrac{1}{2k}\log g - h$

$\therefore$ $y = \dfrac{1}{2k}\log\dfrac{g-kv^2}{g} + h$

$\therefore$ $y = 0$ のとき，$v = v'$ より $h = \dfrac{1}{2k}\log\dfrac{g}{g-kv'^2}$

(3) (1), (2) より，$\dfrac{1}{2k}\log\dfrac{g+kv_0^2}{g} = \dfrac{1}{2k}\log\dfrac{g}{g-kv'^2}$

$\therefore$ $\dfrac{g+kv_0^2}{g} = \dfrac{g}{g-kv'^2}$ $\therefore$ $v'^2 = \dfrac{gv_0^2}{g+kv_0^2}$

3-4

初速度 v_0, なす角 θ とすると点 P の y 座標は

$$y = v_0 \sin\theta \cdot t - \frac{1}{2}gt^2 \qquad ①$$

また，落下するまでの時間が $t+t'$ であることにより

$$0 = v_0 \sin\theta(t+t') - \frac{1}{2}g(t+t')^2 \qquad ②$$

②より，$\sin\theta = \dfrac{g(t+t')}{2v_0}$

これを①へ代入して，$y = v_0 \dfrac{g(t+t')}{2v_0} \cdot t - \dfrac{1}{2}gt^2 = \dfrac{1}{2}gtt'$

第4章

4-1

(1) 運動方程式は $m\dfrac{d^2x}{dt^2} = -2S \cdot \sin\theta$

ここで，微小変位のとき $\theta \ll 1$ であるから
　$\sin\theta \fallingdotseq \tan\theta$

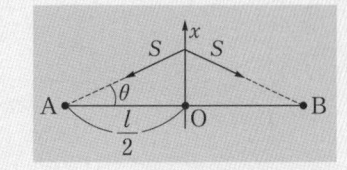

$$\therefore \quad m\frac{d^2x}{dt^2} \fallingdotseq -2S\cdot\tan\theta = -2S\cdot\frac{x}{\frac{l}{2}} = -\frac{4S}{l}\cdot x$$

これより単振動することがわかる。

(2) $\dfrac{d^2x}{dt^2} = -\omega^2 x$ より　$\omega = 2\sqrt{\dfrac{S}{ml}}$　$\therefore \ T = \dfrac{2\pi}{\omega} = \pi\sqrt{\dfrac{ml}{S}}$

4-2

仕事とエネルギーの関係より，$W = \dfrac{1}{2}kx^2$　$\therefore \ k = \dfrac{2W}{x^2}$

角振動数は，$\omega = \sqrt{\dfrac{k}{m}}$　であるから

$$\omega = \sqrt{\frac{2W}{mx^2}} = \frac{1}{x}\sqrt{\frac{2W}{m}} \qquad T = \frac{2\pi}{\omega} = 2\pi x\sqrt{\frac{m}{2W}}$$

4-3

$$E = \frac{1}{2}mv^2 + \frac{1}{2}kx^2$$

ここで，$\omega = \sqrt{\dfrac{k}{m}}$　∴　$k = m\omega^2$

∴　$E = \dfrac{1}{2}mv^2 + \dfrac{1}{2}m\omega^2 x^2 = \dfrac{1}{2}m(v^2 + \omega^2 x^2)$

4-4

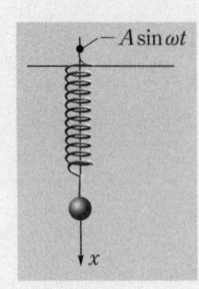

(1) ばねの長さは $x + A\sin\omega t$ であるから運動方程式は

$$m\frac{d^2x}{dt^2} = -k\{(x + A\sin\omega t) - l\} + mg$$

(2) (1)において $y = x - l - \dfrac{mg}{k}$ とおくと

$$m\frac{d^2y}{dt^2} = -ky - kA\sin\omega t$$

となる。よって　$\dfrac{d^2y}{dt^2} + \dfrac{k}{m}y = -\dfrac{k}{m}A\sin\omega t$

この解は，(4.43) 式，(4.47) 式を参照して

$$y = A\sin(\omega_0 t + \delta) - \frac{kA}{m}\frac{1}{\omega_0^2 - \omega^2}\sin\omega t \quad \left(\omega_0 = \sqrt{\frac{k}{m}}\right)$$

これより，$x = A\sin(\omega_0 t + \delta) - \dfrac{kA}{m}\dfrac{1}{\omega_0^2 - \omega^2}\sin\omega t + l + \dfrac{mg}{k}$ 　(δ, A : 任意定数)

4-5

$$E = \frac{1}{2}m\left(\frac{dx}{dt}\right)^2 + \frac{1}{2}kx^2$$

∴　$\dfrac{dE}{dt} = m\dfrac{dx}{dt}\cdot\dfrac{d^2x}{dt^2} + kx\cdot\dfrac{dx}{dt} = \left(m\dfrac{d^2x}{dt^2} + kx\right)\dfrac{dx}{dt}$

$= -\gamma\left(\dfrac{dx}{dt}\right)^2$ 　(∵ (4.24) 式)

(γ は速度に比例する抵抗力の比例定数)

第5章

5-1

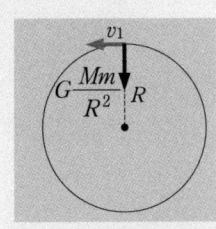

(1) 地球表面すれすれの円運動を考えればよい。
このときの運動方程式は

$$m\frac{v_1^2}{R} = G\frac{Mm}{R^2} \qquad \therefore \quad v_1 = \sqrt{\frac{GM}{R}}$$

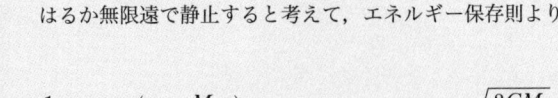

(2) はるか無限遠で静止すると考えて，エネルギー保存則より

$$\frac{1}{2}mv_2^2 + \left(-G\frac{Mm}{R}\right) = 0 + 0 \qquad \therefore \quad v_2 = \sqrt{\frac{2GM}{R}}$$

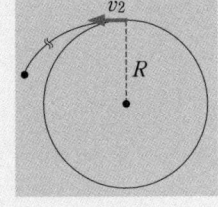

[参考] 地表面上での重力加速度を g とすると $mg = G\dfrac{Mm}{R^2}$ より，$GM = gR^2$

これより，$v_1 = \sqrt{gR}$，$v_2 = \sqrt{2gR}$ と書ける。

g, R の値を代入すると，$v_1 \fallingdotseq 7.9$ km/s，$v_2 \fallingdotseq 11.2$ km/s となる。

5-2

$f(r)$ の中心力を受けて運動する質量 m の質点の運動方程式は，(5.6) 式より

$$m\left\{\frac{d^2r}{dt^2} - r\left(\frac{d\theta}{dt}\right)^2\right\} = f(r) \qquad ①$$

である。(5.12) 式より $\dfrac{d}{dt}\left(r^2\dfrac{d\theta}{dt}\right) = 0$ であるから，題意の h は定数となり

$$r^2\frac{d\theta}{dt} = h \quad （一定） \qquad\qquad ②$$

ここで，$u = \dfrac{1}{r}$ とすると，$\dfrac{dr}{du} = -\dfrac{1}{u^2}$ となる。さらに②を用いると，

$$\frac{d\theta}{dt} = hu^2, \quad \frac{dr}{dt} = \frac{dr}{du}\frac{du}{d\theta}\frac{d\theta}{dt} = -\frac{1}{u^2}\frac{du}{d\theta}hu^2 = -h\frac{du}{d\theta}$$

$$\frac{d^2r}{dt^2} = -h\cdot\frac{d}{dt}\left(\frac{du}{d\theta}\right) = -h\frac{d^2u}{d\theta^2}\cdot\frac{d\theta}{dt} = -h^2u^2\frac{d^2u}{d\theta^2}$$

これを，①へ代入して

$$m\left(-h^2u^2\frac{d^2u}{d\theta^2}-\frac{1}{u}h^2u^4\right)=f\left(\frac{1}{u}\right) \quad \therefore \quad \frac{d^2u}{d\theta^2}+u=-\frac{1}{mh^2u^2}f\left(\frac{1}{u}\right)$$

5-3

$$\frac{1}{u}=\frac{1}{1+\varepsilon\cos\theta} \quad \therefore \quad u=1+\varepsilon\cos\theta$$

$$\frac{du}{d\theta}=-\varepsilon\sin\theta \quad \therefore \quad \frac{d^2u}{d\theta^2}=-\varepsilon\cos\theta=1-u$$

これを，演習 5-2 の軌道の方程式に代入すると，

$$\frac{d^2u}{d\theta^2}+u=-\frac{1}{mh^2u^2}f\left(\frac{1}{u}\right) \quad \text{より} \quad (1-u)+u=-\frac{1}{mh^2u^2}f\left(\frac{1}{u}\right)$$

$$\therefore \quad f\left(\frac{1}{u}\right)=-mh^2u^2 \quad \therefore \quad f(r)=-\frac{mh^2}{r^2}$$

これより，距離の 2 乗に反比例する。

5-4

(1) 万有引力定数を G，中心からの距離を x，地球の密度を ρ とすると，質量 m の質点が受ける力は

$$F=G\frac{m\rho\frac{4}{3}\pi x^3}{x^2}=\frac{4}{3}\pi\rho Gmx$$

ここで，地球の質量を M とすると，$M=\rho\cdot\frac{4}{3}\pi R^3$ より $\frac{4}{3}\pi\rho=\frac{M}{R^3}$

$$\therefore \quad F=\frac{GMm}{R^3}\cdot x=\frac{mg}{R}\cdot x \quad (\because \quad GM=gR^2)$$

これより，運動方程式は，$m\dfrac{d^2x}{dt^2}=-\dfrac{mg}{R}x$

(2) (1) より，質点は以下のように単振動をする。

角振動数 $\omega=\sqrt{\dfrac{g}{R}}$，周期 $T=2\pi\sqrt{\dfrac{R}{g}}$，振幅 R

第6章
6-1

(1) 角速度 ω のときのエネルギー E は，最下点を位置エネルギーの基準とすると，

$$E = \frac{1}{2}m(l\omega)^2 + mgl(1-\cos\theta)$$

$E=$ 一定であるから，ω の最大値 ω_1，ω の最小値 ω_2 は，それぞれ $mgl(1-\cos\theta)$ が最小，最大のときである。よって，

$\cos\theta = 1$ ∴ $\theta = 0$ (最下点) のとき，$\omega = \omega_1$

$\cos\theta = -1$ ∴ $\theta = \pi$ (最高点) のとき，$\omega = \omega_2$

またこのとき，それぞれエネルギーは，

$$E = \frac{1}{2}m(l\omega_1)^2, \quad E = \frac{1}{2}m(l\omega_2)^2 + 2mgl$$

(2) (1)の結果を用いて，エネルギー保存則より

$$\frac{1}{2}m(l\omega_1)^2 = \frac{1}{2}m(l\omega_2)^2 + 2mgl \quad ∴ \quad l = \frac{4g}{\omega_1^2 - \omega_2^2}$$

(3) エネルギー保存則より (最下点と任意の位置)

$$\frac{1}{2}m(l\omega_1)^2 = \frac{1}{2}m(l\omega)^2 + mgl(1-\cos\theta)$$

$$l(\omega_1^2 - \omega^2) = 2g(1-\cos\theta)$$

l を代入して，$\omega^2 = \frac{1}{2}(1+\cos\theta)\omega_1^2 + \frac{1}{2}(1-\cos\theta)\omega_2^2$

$$= \cos^2\frac{\theta}{2}\cdot\omega_1^2 + \sin^2\frac{\theta}{2}\cdot\omega_2^2$$

(4) 任意の位置での糸の張力 T は，運動方程式より

$$ml\omega^2 = T - mg\cos\theta \quad ∴ \quad T = ml\omega^2 + mg\cos\theta$$

これより，糸の張力の最大値 T_1，最小値 T_2 は，それぞれ

$\cos\theta = 1$ ∴ $\theta = 0$ (最下点) のとき，$T = T_1$ ($\omega = \omega_1$)

$\cos\theta = 0$ ∴ $\theta = x$ (最高点) のとき，$T = T_2$ ($\omega = \omega_2$)

またこのとき，それぞれ張力は

$$T_1 = ml\omega_1^2 + mg, \quad T_2 = ml\omega_2^2 - mg$$

(5) (4) より, $\omega^2 = \dfrac{1}{ml}(T - mg\cos\theta), \quad \omega_1^2 = \dfrac{1}{ml}(T_1 - mg), \quad \omega_2^2 = \dfrac{1}{ml}(T_2 + mg)$

これを前問の結果に代入すると，

$$T - mg\cos\theta = (T_1 - mg)\cdot\cos^2\frac{\theta}{2} + (T_2 + mg)\cdot\sin^2\frac{\theta}{2}$$

$$\therefore \quad T = T_1\cos^2\frac{\theta}{2} + T_2\sin^2\frac{\theta}{2} \qquad \left(\because \quad \cos\theta = \cos^2\frac{\theta}{2} - \sin^2\frac{\theta}{2}\right)$$

6-2

(1)

運動方程式より $\quad m\dfrac{d^2x}{dt^2} = -mg\sin\theta - \mu'N$ （上昇時）

$$m\dfrac{d^2x}{dt^2} = -mg\sin\theta + \mu'N \quad \text{（下降時）}$$

ここで，$N = mg\cos\theta$ であるから，それぞれ加速度は

上昇時 $\quad \dfrac{d^2x}{dt^2} = -g(\sin\theta + \mu'\cos\theta) \qquad$ ①

下降時 $\quad \dfrac{d^2x}{dt^2} = -g(\sin\theta - \mu'\cos\theta) \qquad$ ②

(2) 最大摩擦力のときの力のつり合いより，

$$\mu N = mg\sin\theta \quad \therefore \quad \mu = \tan\theta \text{ が限界}$$

下降し始めるためには，$\mu < \tan\theta$

(3) ①において，$t = 0$ のとき，$\dfrac{dx}{dt} = v_0$，$x = 0$ とすると，積分して

$$\dfrac{dx}{dt} = v_0 - g(\sin\theta + \mu'\cos\theta)t$$

$\dfrac{dx}{dt} = 0$ とすると，$t_1 = \dfrac{v_0}{g(\sin\theta + \mu'\cos\theta)}$

また，$x = v_0 t - \dfrac{1}{2}g(\sin\theta + \mu'\cos\theta)t^2$ となるので，

$$x_1 = x(t_1) = \dfrac{v_0^2}{2g(\sin\theta + \mu'\cos\theta)}$$

②に対しても同様に考えて，$x = x_1 - \dfrac{1}{2}g(\sin\theta - \mu'\cos\theta)t^2$

$x = 0$ とすると，$t_2 = \dfrac{v_0}{g\sqrt{\sin^2\theta - \mu'^2\cos^2\theta}}$

$\therefore\ \dfrac{t_1}{t_2} = \dfrac{\sqrt{\sin^2\theta - \mu'^2\cos^2\theta}}{\sin\theta + \mu'\cos\theta} = \sqrt{\dfrac{\sin\theta - \mu'\cos\theta}{\sin\theta + \mu'\cos\theta}}$

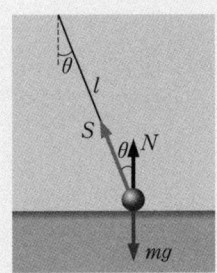

6-3 円運動の運動方程式は，半径が $r = l\sin\theta$ なので

$ml\sin\theta \cdot \omega^2 = S\sin\theta$ ①

$S\cos\theta + N = mg$ ②

①より $S = ml\omega^2$

②より $N = mg - S\cos\theta = mg - ml\omega^2\cos\theta$

ここで，$\omega = 2\pi n$ であるから $N = mg - ml(2\pi n)^2\cos\theta$

また，離れるときは，$N = 0$ として，

$$0 = mg - ml(2\pi n_0)^2\cos\theta \quad \therefore\ n_0 = \dfrac{1}{2\pi}\sqrt{\dfrac{g}{l\cos\theta}}$$

第7章

7-1

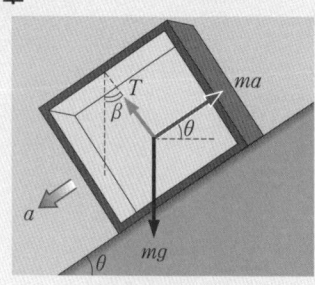

(1) 箱と振り子全体の質量を M とすると、箱全体の運動方程式は

$$Ma = Mg\sin\theta \quad \therefore \quad a = g\sin\theta$$

これより、振り子の質点に働く慣性力の大きさは

$$ma = mg\sin\theta \quad ①$$

である。力のつり合いより、

$$T\cos\beta + ma\sin\theta = mg$$

①を代入して、$T\cos\beta = mg - mg\sin^2\theta = mg(1-\sin^2\theta) = mg\cos^2\theta$

(2) 力のつり合いより、$T\sin\beta = ma\cos\theta = mg\sin\theta \cdot \cos\theta$

(3) (1), (2) より、2乗して和をとると、

$$T^2(\cos^2\beta + \sin^2\beta) = (mg)^2\cos^2\theta(\cos^2\theta + \sin^2\theta) \quad \therefore \quad T = mg\cos\theta$$

(2)で得られた式をこの式で割ると、$\dfrac{T\sin\beta}{T} = \dfrac{mg\sin\theta\cos\theta}{mg\cos\theta} \quad \therefore \quad \sin\beta = \sin\theta$

$$\therefore \quad \beta = \theta$$

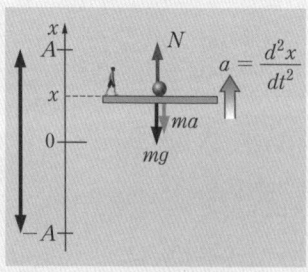

7-2

(1) 台上の観測者で考えると、力のつり合いより

$$N = mg + ma \quad ①$$

$x = A\sin\omega t$ より

$$v = \dfrac{dx}{dt} = A\omega\cos\omega t$$

$$\therefore \quad a = \dfrac{dv}{dt} = -A\omega^2\sin\omega t$$

これを①式に代入すると

$$N = mg - mA\omega^2\sin\omega t = m(g - A\omega^2\sin\omega t)$$

(2) 浮き上がらないためには、N の最小値が値をもてばよい。(1) より、

$$N_{\min} = m(g - A\omega^2) \geqq 0 \quad \therefore \quad g \geqq A\omega^2$$

7-3

(1) この観測者には，質点が $v = r\omega$ で運動するように見えるので，コリオリの力は

$2m\omega v = 2m\omega^2 r$

(2) 遠心力は，$m\omega^2 r$

(3) (1), (2) より

$F = 2m\omega^2 r - m\omega^2 r = m\omega^2 r$

が向心力となり，この観察者には円運動として観測される。

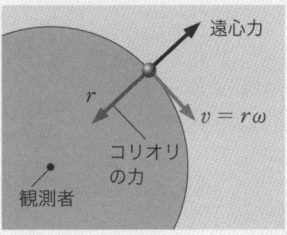

第8章
8-1

(1) 重力 Mg による点Oのまわりの力のモーメントは，$-h \cdot Mg \sin\theta$ であるから，回転の運動方程式は

$$I\frac{d^2\theta}{dt^2} = -h \cdot Mg \sin\theta$$

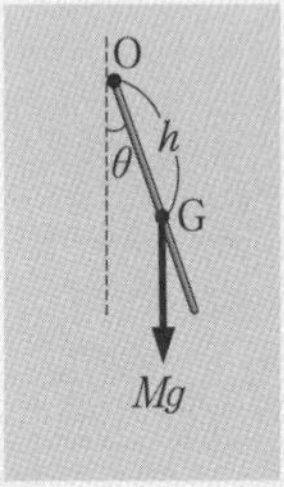

(2) 単振り子の運動方程式であるから

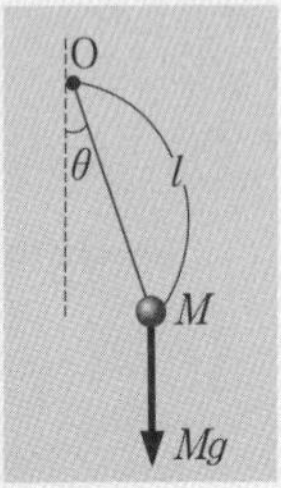

$$Ml\frac{d^2\theta}{dt^2} = -Mg\sin\theta$$

図1　　図2

(3) (1), (2) と比較すると，

(1) $\dfrac{d^2\theta}{dt^2} = -\dfrac{h}{I} \cdot Mg\sin\theta$

(2) $\dfrac{d^2\theta}{dt^2} = -\dfrac{1}{l}g\sin\theta$

であるから $\dfrac{hM}{I} = \dfrac{1}{l}$ $\therefore l = \dfrac{I}{Mh}$ の単振り子の周期と同じである。

$$\therefore T = 2\pi\sqrt{\frac{l}{g}} = 2\pi\sqrt{\frac{I}{Mgh}}$$

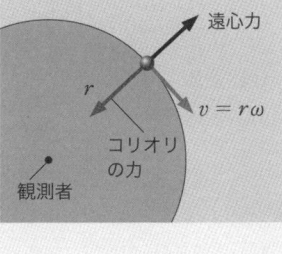

8-2

(1) 円盤に垂直で中心を通る軸に関する慣性モーメントは，$\frac{1}{2}Ma^2$ である。

$$\therefore \ I = I_G + h^2 M = \left(\frac{a^2}{2} + h^2\right)M$$

(2) 周期 T は

$$T = 2\pi\sqrt{\frac{I}{Mgh}} = 2\pi\sqrt{\frac{1}{g}\left(\frac{a^2}{2h} + h\right)}$$

(3) (2) より $y = \dfrac{a^2}{2h} + h$ の最小値を考えればよい。

$$\frac{dy}{dh} = -\frac{a^2}{2h^2} + 1 = 0 \quad \therefore \ h = \frac{a}{\sqrt{2}}$$

8-3

(1) $\dfrac{1}{2}mv^2 = \dfrac{1}{2}m(a\omega)^2 = \dfrac{1}{2}ma^2\omega^2$

(2) $\dfrac{1}{2}I\omega^2 = \dfrac{1}{2}\cdot\dfrac{1}{2}Ma^2\omega^2 = \dfrac{1}{4}Ma^2\omega^2$

(3) エネルギー保存則より

$$\frac{1}{2}I\omega^2 + \frac{1}{2}mv^2 = mgh$$

$$\therefore \ \frac{1}{4}(M+2m)a^2\omega^2 = mgh \quad \therefore \ h = \frac{(M+2m)a^2\omega^2}{4mg}$$

第9章
9-1
(1) 定滑車Bの中心からそれぞれのおもりまでの距離は図より，

$m_1 ; l_1 - x, \quad m_2 ; x + l_2 - y, \quad m_3 ; x + y$

であるから，重力のした仕事 δW は

$$\delta W = m_1 g \delta(l_1 - x) + m_2 g \delta(x + l_2 - y) + m_3 g \delta(x + y)$$
$$= (-m_1 + m_2 + m_3) g \delta x + (-m_2 + m_3) g \delta y \quad (\because \delta l_1 = \delta l_2 = 0)$$

(2) $\delta W = Q_x \cdot \delta x + Q_y \cdot \delta y$ とおくと，(1) より

$$Q_x = (-m_1 + m_2 + m_3)g, \quad Q_y = (-m_2 + m_3)g$$

(3) $T = \frac{1}{2} m_1 v_1^2 + \frac{1}{2} m_2 v_2^2 + \frac{1}{2} m_3 v_3^2$

ここで，$v_1 = \frac{d}{dt}(l_1 - x) = -\dot{x}, \quad v_2 = \frac{d}{dt}(x + l_2 - y) = \dot{x} - \dot{y}$

$v_3 = \frac{d}{dt}(x + y) = \dot{x} + \dot{y}$ より

$$T = \frac{1}{2}\{m_1 \dot{x}^2 + m_2(\dot{x} - \dot{y})^2 + m_3(\dot{x} + \dot{y})^2\}$$

(4) $\frac{\partial T}{\partial \dot{x}} = (m_1 + m_2 + m_3)\dot{x} + (-m_2 + m_3)\dot{y} = 5m\dot{x} - m\dot{y}, \quad \frac{\partial T}{\partial x} = 0$

$\frac{\partial T}{\partial \dot{y}} = (-m_2 + m_3)\dot{x} + (m_2 + m_3)\dot{y} = -m\dot{x} + 3m\dot{y}, \quad \frac{\partial T}{\partial y} = 0$

$\therefore \quad \frac{d}{dt}\left(\frac{\partial T}{\partial \dot{x}}\right) - \frac{\partial T}{\partial x} = Q_x \quad \therefore \quad 5m\ddot{x} - m\ddot{y} = mg$

$\frac{d}{dt}\left(\frac{\partial T}{\partial \dot{y}}\right) - \frac{\partial T}{\partial y} = Q_y \quad \therefore \quad -m\ddot{x} + 3m\ddot{y} = -mg$

(5) (4)の2式より，$\ddot{x} = \frac{1}{7}g, \quad \ddot{y} = -\frac{2}{7}g$

9-2

(1) 図より $x_1 = l\sin\theta_1$, $y_1 = l(1-\cos\theta_1)$

$\qquad x_2 = l\sin\theta_1 + l\sin\theta_2$, $y_2 = l(1-\cos\theta_1) + l(1-\cos\theta_2)$

(2) $L = T - U$ ここで, $T = \dfrac{1}{2}m(\dot{x}_1^2 + \dot{y}_1^2 + \dot{x}_2^2 + \dot{y}_2^2)$, $U = mg(y_1 + y_2)$

$\qquad \therefore L = \dfrac{1}{2}m(\dot{x}_1^2 + \dot{y}_1^2 + \dot{x}_2^2 + \dot{y}_2^2) - mg(y_1 + y_2)$

(3) (1) を用いて

$$L = \dfrac{1}{2}ml^2\{2\dot{\theta}_1^2 + 2\cos(\theta_1 - \theta_2)\cdot\dot{\theta}_1\cdot\dot{\theta}_2 + \dot{\theta}_2^2\} - mgl(3 - 2\cos\theta_1 - \cos\theta_2)$$

ここで, $\cos(\theta_1 - \theta_2) \fallingdotseq 1$, $\cos\theta_1 \fallingdotseq 1 - \dfrac{\theta_1^2}{2}$, $\cos\theta_2 \fallingdotseq 1 - \dfrac{\theta_2^2}{2}$

$$L = \dfrac{1}{2}ml^2(2\dot{\theta}_1^2 + 2\dot{\theta}_1\dot{\theta}_2 + \dot{\theta}_2^2) - mgl\left(\theta_1^2 + \dfrac{1}{2}\theta_2^2\right)$$

(4) $\dfrac{d}{dt}\left(\dfrac{\partial L}{\partial \dot{\theta}_1}\right) - \dfrac{\partial L}{\partial \theta_1} = ml^2(2\ddot{\theta}_1 + \ddot{\theta}_2) + 2mgl\theta_1 = 0$

$\qquad \dfrac{d}{dt}\left(\dfrac{\partial L}{\partial \dot{\theta}_2}\right) - \dfrac{\partial L}{\partial \theta_2} = ml^2(\ddot{\theta}_1 + \ddot{\theta}_2) + mgl\theta_2 = 0$

(5) $\theta_1 = A_1\cos(\omega t + \phi)$, $\theta_2 = A_2\cos(\omega t + \phi)$ とすると

$\qquad -2A_1\omega^2 - A_2\omega^2 + \dfrac{2g}{l}A_1 = 0$, $-A_1\omega^2 - A_2\omega^2 + \dfrac{g}{l}A_2 = 0$

(6) (5) より $\omega = \sqrt{\dfrac{(2\pm\sqrt{2})g}{l}}$ このとき $\dfrac{A_1}{A_2} = -\dfrac{1}{\sqrt{2}}, \dfrac{1}{\sqrt{2}}$

索 引

あ行

- 位置エネルギー … 37
- 位置ベクトル … 2
- 一般化座標 … 175
- 一般化力 … 174
- 因果関係 … 26
- 引力 … 108
- うなり現象 … 98
- 運動エネルギー … 35
- 運動の第2法則 … 26
- 運動方程式 … 26
- 運動量 … 46
- 運動量保存則 … 49
- エネルギー … 35
- 遠心力 … 149
- 鉛直投げ上げ運動 … 64
- オイラーの公式 … 83

か行

- 回転能率 … 52
- 角運動量 … 54
- 角振動数 … 83
- 過減衰 … 93
- 加速度 … 9
- 過渡振動項 … 102
- 慣性 … 24
- 慣性系 … 24
- 慣性質量 … 25
- 慣性の法則 … 24
- 慣性モーメント … 157
- 逆2乗の力 … 115
- q_i に対する一般化力 … 176
- 共振 … 100
- 強制振動 … 96
- 共鳴 … 100
- 極座標 … 15
- 距離積分 … 47
- （結果）＝（原因） … 27
- ケプラーの法則 … 114
- 減衰振動 … 93
- 抗力 … 126
- コリオリの力 … 149

さ行

- 最大摩擦力 … 127
- 作用 … 28
- 作用・反作用の法則 … 28
- 時間積分 … 47
- 仕事 … 32
- 質点 … 2
- 質点系 … 48
- 質量 … 25
- 自由落下 … 63
- 初期位相 … 83
- 初期条件 … 62
- 垂直抗力 … 126
- 静止摩擦係数 … 127
- 静止摩擦力 … 127
- 斥力 … 108
- 線積分 … 33
- 速度 … 8

た行

- 単位ベクトル … 2
- 単振動 … 82
- 力のモーメント … 52
- 中心力 … 108
- 定常項 … 102
- 定常振動項 … 102
- てこの原理 … 52
- 等速回転座標系 … 146
- 動摩擦係数 … 128

動摩擦力	127	変位ベクトル	2
特性方程式	83	放物運動	66
特解	97	保存力	36
		ポテンシャル	37
		ホロノミックな束縛	183
		ホロノーム系	183

な行

内力	49
なめらかである	127

ま行

摩擦角	135
摩擦力	127
面積速度	114

は行

ばね定数	82
反作用	28
半直弦	118
万有引力	115
万有引力の法則	116
非慣性系	24
微分方程式	65
フックの法則	82
平均の速度	8
平行四辺形の法則	29
並進座標系	141
ベクトル演算子	40

ら行

ラグランジアン	177
ラグランジュ関数	177
ラグランジュの運動方程式	177
力学的エネルギー	41
力学的エネルギー保存則	41
力積	46
離心率	118
臨界減衰	93

著者紹介

為近 和彦（ためちか・かずひこ）
代々木ゼミナール講師（物理担当）。
山口県宇部市出身。東京理科大学大学院修士課程修了。
私立高校教諭を経て，現職。

主な著書
「大学生なら知っておきたい物理の基本［力学編］」
「理系なら知っておきたい物理の基本ノート［電磁気学編］」
「理系なら知っておきたい物理の基本ノート［物理数学編］」
「忘れてしまった高校の物理を復習する本」（以上，中経出版）
「為近講義ナマ中継 力学」（講談社）

アートディレクション：
　岸野敏彦

デザイン , イラストレーション：
　有限会社セットスクエアー・ワン
　望月 勇 , 宮下 浩 , 上原里美

ビジュアルアプローチ　力学　　　　　　　　　Ⓒ 為近和彦　2008
2008 年 10 月 7 日　第 1 版第 1 刷発行　　【本書の無断転載を禁ず】
2025 年 2 月 20 日　第 1 版第 12 刷発行

著　　者　為近和彦
発 行 者　森北博巳
発 行 所　森北出版株式会社
　　　　　東京都千代田区富士見 1-4-11（〒102-0071）
　　　　　電話 03-3265-8341／FAX 03-3264-8709
　　　　　https://www.morikita.co.jp
　　　　　日本書籍出版協会・自然科学書協会　会員
　　　　　JCOPY 〈(社)出版者著作権管理機構委託出版物〉

落丁・乱丁本はお取替えいたします　　印刷／エーヴィス・製本／協栄製本

Printed in Japan ／ ISBN978-4-627-16211-2

本書のサポート情報などをホームページに掲載する場合があります．
下記のアドレスにアクセスしご確認下さい．
https://www.morikita.co.jp/support

■本書の無断複写は著作権法上での例外を除き禁じられています．
複写される場合は，そのつど事前に (一社) 出版者著作権管理機構
（電話 03-5244-5088, FAX 03-5244-5089, e-mail: info@jcopy.or.jp）
の許諾を得てください．

おもな物理量の単位

物理量	単位・記号		MKSA 単位系による表式
長さ (M)	メートル	m	—
	オングストローム	Å	$= 0.1\text{nm} = 10^{-10}\text{m}$
質量 (K)	キログラム	kg	—
時間 (S)	秒	s	—
電流 (A)	アンペア	A	—
熱力学的温度	ケルビン	K	—
セルシウス温度	セ氏 t 度	℃	$t(℃) = T(K) - 273.15$
平面角	ラジアン	rad	—
物質の量	モル	mol	—
力	ニュートン	N	$\text{m} \cdot \text{kg} \cdot \text{s}^{-2}$
圧力	パスカル	Pa	$\text{N/m}^2 = \text{m}^{-1} \cdot \text{kg} \cdot \text{s}^{-2}$
	バール	bar	$= 10^5 \text{Pa}$
標準大気圧	気圧	atm	$= 101325 \text{Pa}$
エネルギー	ジュール	J	$\text{N} \cdot \text{m} = \text{m}^2 \cdot \text{kg} \cdot \text{s}^{-2}$
	電子ボルト	eV	$= 1.6021892 \times 10^{-19} \text{J}$
熱量	カロリー	cal	$= 4.186 \text{J}$
仕事率	ワット	W	$\text{J/s} = \text{m}^2 \cdot \text{kg} \cdot \text{s}^{-3}$
振動数	ヘルツ	Hz	s^{-1}
電荷	クーロン	C	$\text{A} \cdot \text{s}$
電圧, 電位	ボルト	V	$\text{W/A} = \text{m}^2 \cdot \text{kg} \cdot \text{s}^{-3} \cdot \text{A}^{-1}$
静電容量	ファラド	F	$\text{C/V} = \text{m}^{-2} \cdot \text{kg}^{-1} \cdot \text{s}^4 \cdot \text{A}^2$
電気抵抗	オーム	Ω	$\text{V/A} = \text{m}^2 \cdot \text{kg} \cdot \text{s}^{-3} \cdot \text{A}^{-2}$
電場の強さ			$\text{V/m} = \text{m} \cdot \text{kg} \cdot \text{s}^{-3} \cdot \text{A}^{-1}$
電束密度			$\text{C/m}^2 = \text{m}^{-2} \cdot \text{s} \cdot \text{A}$
磁束, 磁荷	ウェーバー	Wb	$\text{V} \cdot \text{s} = \text{m}^2 \cdot \text{kg} \cdot \text{s}^{-2} \cdot \text{A}^{-1}$
磁場の強さ			A/m
磁束密度	テスラ	T	$\text{Wb/m}^2 = \text{kg} \cdot \text{s}^{-2} \cdot \text{A}^{-1}$
インダクタンス	ヘンリー	H	$\text{Wb/A} = \text{m}^2 \cdot \text{kg} \cdot \text{s}^{-2} \cdot \text{A}^{-2}$

大きさを表す接頭語

大きさ	接頭語	記号	大きさ	接頭語	記号
10^{-1}	デシ (deci)	d	10	デカ (deca)	da
10^{-2}	センチ (centi)	c	10^2	ヘクト (hecto)	h
10^{-3}	ミリ (milli)	m	10^3	キロ (kilo)	k
10^{-6}	マイクロ (micro)	μ	10^6	メガ (mega)	M
10^{-9}	ナノ (nano)	n	10^9	ギガ (giga)	G
10^{-12}	ピコ (pico)	p	10^{12}	テラ (tera)	T
10^{-15}	フェムト (femto)	f	10^{15}	ペタ (peta)	P
10^{-18}	アト (atto)	a	10^{18}	エクサ (exa)	E
10^{-21}	ゼプト (zept)	z	10^{21}	ゼタ (zetta)	Z
10^{-24}	ヨクト (yocto)	y	10^{24}	ヨタ (yotta)	Y